"十三五"职业教育国家规划教材修订版

高等职业教育机械类专业系列教材

UG NX12.0 注塑模具设计 实例教程

洪建明　周建安　郭晓霞　朱光力　编著

机械工业出版社

全书共9章，前8章针对不同的实例讲解了8套完整的注塑模具设计过程（包含分型设计、加入标准件、镶件设计、浇注系统设计、冷却系统设计、电极设计、零件二维工程图绘制、模具二维总装配图绘制等）。8套模具的结构包含单分型面、双分型面、侧抽芯（有滑块和斜顶）机构，模具的浇注系统包含大水口（直浇口、侧浇口、潜伏浇口）和小水口（点浇口）。第9章针对5个实例讲解了注塑模分型设计过程。此外，第8章和第9章还分别附有2017年江西省模具数字化设计与制造工艺技能大赛的4个竞赛样题及10个注塑模具分型设计练习题。

本书所有教学实例、竞赛样题和练习题都配套有教学视频（除练习题外均含语音解说），可通过扫描对应的二维码进行观看，便于老师教学和学生自学。

本书同时配套有所有实例及习题所涉及的零件素材文件。凡使用本书作为教材的教师可登录机械工业出版社教育服务网（http://www.cmpedu.com）注册后免费下载，咨询电话：010-88379375。

图书在版编目（CIP）数据

UG NX12.0注塑模具设计实例教程/洪建明等编著. —北京：机械工业出版社，2021.3（2025.1重印）

高等职业教育机械类专业系列教材

ISBN 978-7-111-67603-4

Ⅰ.①U… Ⅱ.①洪… Ⅲ.①注塑-塑料模具-计算机辅助设计-应用软件-高等职业教育-教材 Ⅳ.①TQ320.66-39

中国版本图书馆CIP数据核字（2021）第034865号

机械工业出版社（北京市百万庄大街22号 邮政编码100037）
策划编辑：于奇慧 责任编辑：于奇慧 陈 宾
责任校对：陈 越 封面设计：马精明
责任印制：常天培
固安县铭成印刷有限公司印刷
2025年1月第1版第8次印刷
184mm×260mm·16.75印张·412千字
标准书号：ISBN 978-7-111-67603-4
定价：49.80元

电话服务   网络服务
客服电话：010-88361066   机 工 官 网：www.cmpbook.com
　　　　　010-88379833   机 工 官 博：weibo.com/cmp1952
　　　　　010-68326294   金 书 网：www.golden-book.com
封底无防伪标均为盗版   机工教育服务网：www.cmpedu.com

前　言

　　本书以实际案例为载体，通过讲解各种类型模具结构的设计过程介绍设计软件 UG NX12.0 的应用。本书的前版《UG NX10.0 注塑模具设计实例教程》一经出版就受到了广大学校师生的欢迎，本书继续保持了前版的全实例教学风格，并对教材中的实例及相关内容进行了优化。

　　本书的作者都有从事模具设计与加工的工作经历，能够熟练使用 UG NX 软件，各位作者根据自身企业实际工作的体验及学校的教学经验，编写了本书。为推进产教融合、科教融汇，全书采用案例讲解式的编写形式，所选的 8 套不同类型的注塑模具设计案例涵盖了注塑模具设计教学要求中的典型类型，以具体的设计实例逐步讲述 UG NX12.0 注塑模具设计的过程。通过实例教学，既加深了学生对注塑模具结构的了解，又可使学生掌握运用 UG NX 设计注塑模具的方法。本书可作为高职高专院校相关专业的教材，也适合企业人员自学。

　　本书的主要特点包括：

　　1. 所选实例涉及的有关知识点全面，适合指导学生训练。在模具设计实例部分，模具的结构有一模一腔、一模两腔、一模多腔，以及单分型面、双分型面、斜导柱外侧抽芯、斜顶内侧抽芯；模具的浇口形式有大水口（直浇口、侧浇口、潜伏浇口）和小水口（点浇口）。在分型设计实例中，有简单的平面分型，也有曲面分型。UG NX 注塑模具设计过程包括分型设计、加入标准件、镶件设计、浇注系统设计、冷却系统设计、电极设计、零件二维工程图绘制、模具二维总装配图绘制等步骤。总体来说，本书中模具的结构不是很复杂，但涉及的知识全面，非常适合作为教材。

　　2. 本书的最后两章附有模具竞赛样题及分型设计练习题，这些样题及练习题可作为学生毕业设计的选题素材，且相关样题及练习题都配有视频解答，可通过扫描对应的二维码进行观看。

　　3. 本书配套有所有的实例教学视频（除练习题外均含语音解说），全过程演示各套模具设计、模具分型设计的操作过程，并以二维码的方式植入书中，便于教与学，推进教育数字化。

　　4. 本书配套有所有章节中的实例及练习题所涉及的零件素材文件，凡使用本书作为教材的老师可登录机械工业出版社教育服务网（http://www.cmpedu.com）注册后免费下载。

　　全书共分 9 章，深圳职业技术学院洪建明编写第 2、3、4、8 章及负责全书的总体规划；深圳职业技术学院周建安编写第 5、6、7 章；深圳职业技术学院郭晓霞编写第 1、9 章；深圳职业技术学院朱光力负责全书的编排及所有教学视频的制作。

　　在本书的编写过程中，深圳康佳精密模具制造有限公司高级工程师胡洪军、深圳爱义模具设计制造有限公司（中美合资）技术部莫守形等工程技术人员对书中的一些具体技术问题给予了帮助，并提供了部分技术资料和诸多宝贵建议；江西吉安职业技术学院学生周健为本书绘制了部分插图，在此深表感谢！

　　由于编者水平所限，书中存在纰漏甚至错误之处在所难免，恳请广大读者批评指正。

编　者

目　录

第1章

点浇口手动脱浇口模具设计

1.1 基本思路

图 1-1 所示为注塑成型基座产品模型及浇注系统。产品成型模具采用点浇口进料，一模一腔，三板式结构，选用小水口模架。

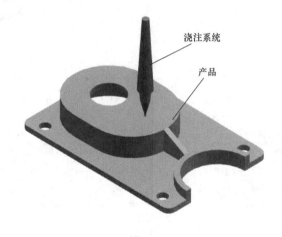

浇注系统

产品

图 1-1

1.2 模具分型设计

启动 UG NX12.0，进入软件操作界面，用鼠标右键单击屏幕上方工具栏中的空白区域，弹出下拉菜单，如图 1-2 所示，在下拉菜单中勾选"注塑模向导"，此时在视窗上部的选项卡区出现"注塑模向导"，操作界面如图 1-3 所示。

1. 加载产品

首先创建一个文件夹，命名为"基座模具"，将基座产品模型文件复制到该文件夹内。

单击"注塑模向导"选项卡中的"初始化项目"，弹出"部件名"对话框，在新建的"基座模具"文件夹中选择需要加载的产品模型文件"基座.prt"，出现图 1-4 所示对话框，也可改动存放的"路径"。在对话框中的"材料"下拉列表中选择"ABS"，"收缩"（材料收缩率）的数值根据所选材料自动默认为"1.006"，然后单击"确定"按钮，屏幕上出现图 1-5 所示产品模型（注意单击"注塑模向导"选项卡）。

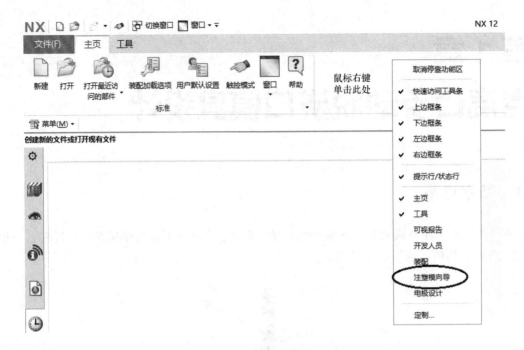

图 1-2

图 1-3

图 1-4

图 1-5

　　为防止计算机操作过程中出现故障，需及时存盘。存盘时，单击"文件"→"保存"→"全部保存"。

2. 定义模具坐标系

　　模具坐标系定义为：XC-YC 基准面在分型面上，ZC 基准轴指向注塑浇口方向。若建模时的坐标系不符合模具坐标系，则要通过建模中的移动、旋转坐标系命令使坐标系符合模具坐标系要求，再进行下面的步骤。

　　单击"主要"工具栏中的小图标 ，出现"模具坐标系"对话框，由于基座建模坐标系符合模具坐标系，即 XY 基准面为模具的分型面，Z 轴指向注射机注射喷嘴的方向，但是 Z 轴还要对准浇口轴线，若选产品中心为浇口点，则需要选择"选定面的中心"，如图 1-6 所示，然后选择产品底面，再单击"确定"按钮，完成模具坐标系的设定。

图 1-6

3. 定义成型镶件（模仁）

　　单击"主要"工具栏中的小图标 ，出现"工件"对话框及视窗中的图形，如图 1-7 所示，可以根据需要修改镶件的尺寸，若无特殊要求可默认这些尺寸，单击"确定"按钮，完成单型腔镶件的加入，线框化图形结果如图 1-8 所示。

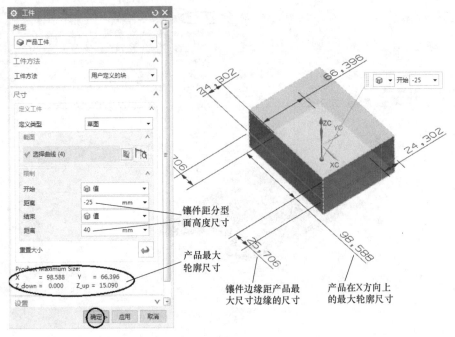

图 1-7

4. 插入开腔体

单击"主要"工具栏中的小图标 ⌶，出现图 1-9 所示对话框；单击对话框中的"编辑插入腔"图标，弹出图 1-10 所示对话框，输入相应数据，然后单击"确定"→"关闭"按钮，完成开腔体的加入，如图 1-11 所示。该开腔体为模架 A 板、B 板的开腔工具。

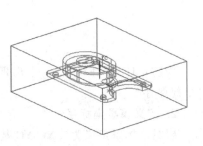

图 1-8

图 1-9

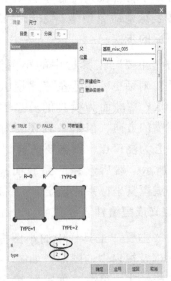

图 1-10

在装配导航器里关闭（取消勾选）基座_misc 节点下的 pocket 节点，如图 1-12 所示，即隐去刚插入的腔体。

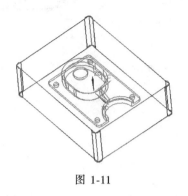

图 1-11

图 1-12

5. 模具分型

1）单击"分型刀具"工具栏中的小图标 ，弹出"检查区域"对话框，如图 1-13 所示，单击"计算"图标，完成区域的计算。

单击对话框中的"区域"选项卡，如图 1-14 所示，然后单击"设置区域颜色"图标 ，此时基座图形出现橙、蓝、青三种颜色，橙色是型腔区域，蓝色是型芯区域，青色是未定义区域。

图 1-13

图 1-14

单击"选择区域面"图标 ，接着将产品外侧的所有的青色，除孔（包括半圆孔）外，全部点选上，然后单击"应用"按钮，此时所选部分转变成了橙色。再点选"型芯区域"，然后点选孔（包括半圆孔）的青色面，单击"应用"按钮，此时所选部分由青色转变成了蓝色，最后单击对话框的"确定"按钮。

2）单击"分型刀具"工具栏中的"曲面补片"小图标，弹出图1-15所示对话框，在"类型"下拉列表中选"体"，然后点选产品实体，再单击"确定"按钮，完成基座零件孔的补片。

3）单击"分型刀具"工具栏中的"定义区域"小图标，弹出图1-16所示对话框，勾选"设置"选项组中的两个选项后，单击"确定"按钮。

4）单击"分型刀具"工具栏中的"设计分型面"小图标，弹出图1-17所示对话框；单击"选择分型或引导线"，弹出相应对话框后，点选图1-18所示两点，然后单击对话框中的"应用"按钮，然后通过沿X方向拉伸创建分型面，再单击"应用"→"应用"→"取消"按钮，完成分型面的创建，结果如图1-19所示。

图 1-15

图 1-16

图 1-17

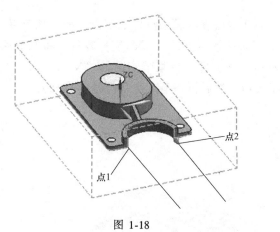

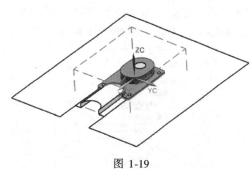

图 1-18

图 1-19

5）单击"分型刀具"工具栏中的"定义型腔和型芯"小图标 ，弹出图 1-20 所示对话框，选择"所有区域"后，单击"确定"→"确定"→"确定"按钮，完成型芯、型腔的创建。

6）关闭图 1-21 所示分型导航器，然后单击视窗顶部主菜单中的"窗口"，在下拉菜单中勾选 top 节点，如图 1-22 所示，此时视窗图形如图 1-23 所示。

图 1-20

图 1-21

图 1-22

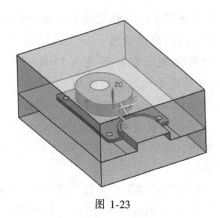

图 1-23

在装配导航器中，layout 节点下面的 ... _ prod 节点表示成型镶件的节点。展开该节点，可见很多文件，cavity 表示型腔（或凹模）零件，core 表示型芯（或凸模）零件。将某节点前的"√"点暗，可关闭该部件，即视窗中不显示该部件；将某节点前的"√"点亮，可显示该部件的图形。如图 1-24 所示，表示分型成功，然后再将节点全部打开（点亮）。

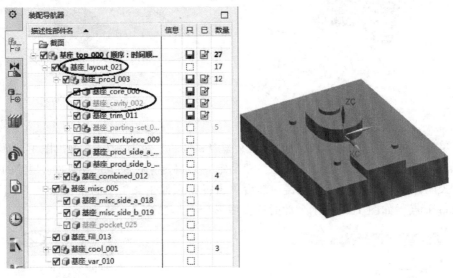

图 1-24

为了便于塑件脱模，设计模具时，通常将型芯（core）安装在模具的动模部分（move-half），而型腔（cavity）安装在模具的定模部分（fixhalf）。Mold Wizard 的一些名称遵循了这一规律。

1.3 加入标准件

1. 加载标准模架

单击"主要"工具栏中的"模架库"小图标，出现图 1-25 所示对话框。

单击视窗左边资源工具条中的小图标，弹出选择框；选项设置如图 1-26 所示，表示选用的模架为龙记简化型小水口模架（LKM_TP），GC 类型（结构简单的手动脱浇口类型），工字边，基本尺寸为 200mm×250 mm，A 板厚度为 60mm，B 板厚度为 50mm，托铁（C 板）厚度为 70 mm，然后单击"确定"按钮，稍后完成标准模架的装载，出现图 1-27 所示图形。

在装配导航器中，关闭模架的定模部件（mold-base 节点下的 fixhalf 节点），此时可见图 1-28 所示

图 1-25

图形，发现成型镶件的长度在模具的宽度方向上，可能使得模架宽度不够，而长度有余，故必须将模架旋转 90°。

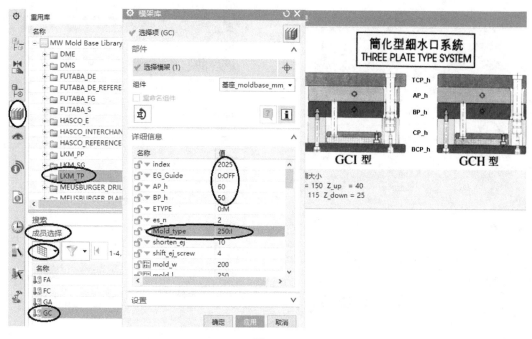

图 1-26

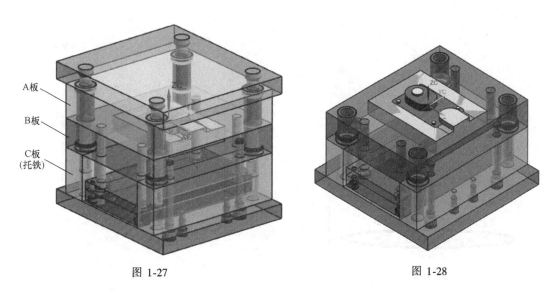

图 1-27　　　　　　　　　　　　　　图 1-28

重新显现定模部件，再单击"注塑模向导"选项卡中的小图标 ▤，弹出图 1-29 所示对话框，单击对话框中部的小图标 ❙ （注意只单击 1 次），然后单击对话框中的"取消"按钮，完成模架 90°旋转。

单击"主要"工具栏中的"腔"小图标 ❖，弹出图 1-30 所示对话框；根据提示，在视图中点选 A 板、B 板为目标体，单击鼠标中键确认后，再点选 A 板、B 板中间的方块

（注意：在装配导航器中勾选图 1-31 所示 pocket 节点）为工具，如图 1-32 所示，然后单击"确定"按钮，完成模架 A 板、B 板上的开腔操作。

图 1-29

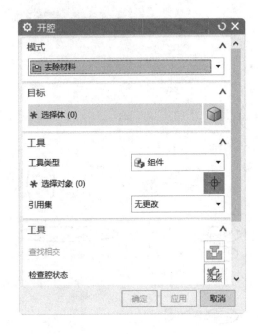

图 1-30

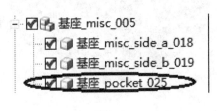

图 1-31

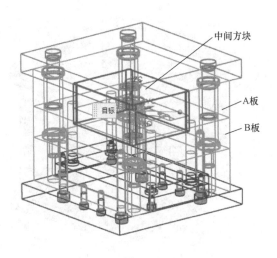

图 1-32

　　另外，为了方便看图，可将中间方块开腔体暂时消除，即将开腔体"抑制"。如图 1-33 所示，用鼠标右键单击 pocket 节点，然后单击"抑制"，弹出图 1-34 所示对话框，点选"始终抑制"，再单击"确定"按钮，开腔体暂时消除。

　　需要再次使用开腔体时，可单击 菜单(M) ▾ →"装配"→"组件"→"取消抑制组件"，在弹出的对话框中点选 pocket 节点，然后单击"确定"按钮即可再现开腔体。

图 1-33

图 1-34

2. 加入定位环

单击"主要"工具栏中的"标准件库"小图标，弹出"标准件管理"对话框，如图 1-35 所示。

单击视窗左边资源工具条中的小图标，弹出选择框；选项设置如图 1-36 所示，然后单击"确定"按钮，即在模架的上面加入了定位环。

图 1-35

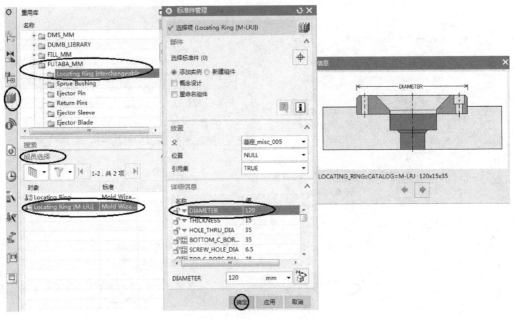

图 1-36

3. 加入浇口套

单击"主要"工具栏中的小图标，出现"标准件管理"对话框；再单击资源工具条中的小图标，弹出选择框；选项设置如图 1-37 所示，然后单击"确定"按钮，即在模架

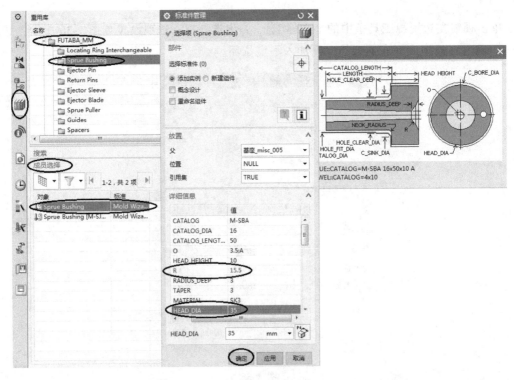

图 1-37

的上面加入了浇口套。由于浇口套被模架包住，所以在渲染的情况下只是隐约可见，要将浇口套在模架中开腔才能清楚地看到。

单击"主要"工具栏中的小图标 ，弹出"腔体"对话框，点选模具上面的定模座板、A 板及型腔零件为目标体，点选定位环和浇口套为工具，进行开腔，完成后结果如图 1-38 所示。

4. 加入紧固螺钉

单击装配导航器中的图标，在装配导航器里关闭所有的文件，然后打开 moldbase 节点/movehalf 节点下的 b_plate 组件和 layout 节点/prod 节点下的 core 组件，视图中可见图 1-39 所示图形。

图 1-38

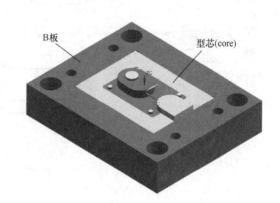

图 1-39

单击"主要"工具栏中的小图标，出现"标准件管理"对话框；再单击左边资源工具条中的小图标，弹出选择框；选项设置如图 1-40 所示，然后点选 B 板的背面，再单击对话框中的"应用"按钮，弹出图 1-41 所示对话框；输入"X 偏置"与"Y 偏置"数值分别为"45"和"66"，单击"应用"按钮，此时在视窗中 B 板的点坐标（45，66）处出现了螺钉；然后在图 1-41 所示对话框中修改位置坐标为（-45，66），再单击对话框的"应用"按钮；重复以上步骤，在（-45，-66）、（45，-66）坐标位置也加入螺钉，最后单击"取消"→"取消"按钮，即在垫板上出现了 4 个紧固螺钉。将视图线框化显示，出现如图 1-42 所示图形。

以同样的方法加入连接模具定模部分型腔件与 A 板的紧固螺钉。注意：型腔件厚度为 40mm，而 A 板的厚度是 60mm，则螺钉通孔的厚度是 20mm，因此，将"标准件管理"对话框中"详细信息"栏中的"PLATE_HEIGHT"对应的"值"改为"20"。

使用"腔"命令，弹出"开腔"对话框，如图 1-43 所示，点选 A 板、B 板、型芯和型腔零件为目标体，然后点选 8 个紧固螺钉为工具进行开腔操作，也可以在点选了目标体后再点选对话框中的"查找相交"小图标（相当于点选了 8 个紧固螺钉），然后单击对话框中的"确定"按钮，完成螺钉在 A 板、B 板、型芯、型腔零件上的开腔操作。

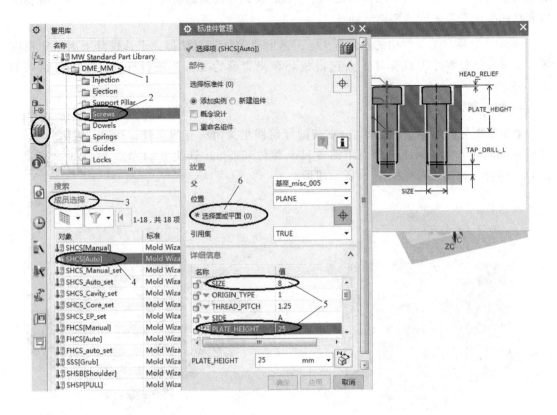

图 1-40

图 1-41

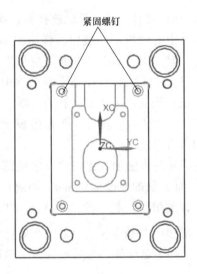

图 1-42

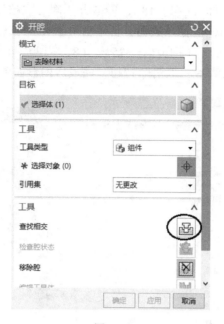

图 1-43

5. 加入顶杆

单击装配导航器中的图标 ，将 moldbase 节点/movehalf 节点组件和 layout 节点/prod 节点/core 组件打开，关闭其他所有项目，视窗图形如图 1-44 所示。

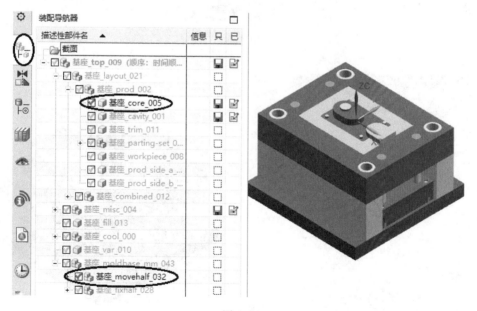

图 1-44

单击"主要"工具栏中的小图标 ，出现"标准件管理"对话框；再单击资源工具条中的小图标 ，弹出选择框；选项设置如图 1-45 所示，然后单击"应用"按钮，弹出

图 1-46 所示对话框；输入坐标（-41，18），再单击"确定"按钮，即完成了 1 根顶杆的加入。继续在图 1-46 所示对话框内输入数据，再单击"确定"按钮，在（-16.6，25）、（8，18）、（36，18）、（-41，-18）、（-16.6，-25）、（8，-18）、（36，-18）共计 8 个点处加入 8 根顶杆，最后单击"取消"→"取消"按钮，完成后图形如图 1-47 所示。

图 1-45

图 1-46

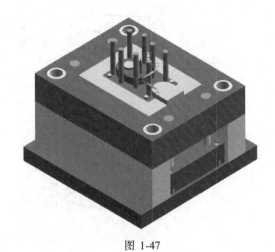

图 1-47

6. 修剪顶杆

单击"主要"工具栏中的小图标，出现"顶杆后处理"对话框，对话框的选项设置如图 1-48 所示，单击"确定"按钮，完成顶杆的修剪，此时顶杆与分型面齐平。

由于型芯与顶杆同时显示，所以顶杆只能隐约可见，使用"腔"命令 🏗，以型芯、模架 B 板及 e 板（顶杆固定板）为目标体，以 8 根顶杆为工具，进行开腔操作，完成后结果如图 1-49 所示。

图 1-48

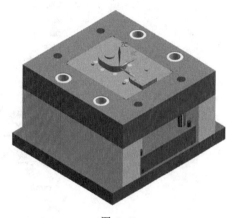

图 1-49

1.4　镶件设计

由于型芯上有 4 个小凸台（用于成型 4 个 φ6mm 孔），为便于加工，需将这些凸台制成镶件。

单击"主要"工具栏中的"子镶块库"图标 ⛰，弹出图 1-50 所示对话框；再单击资源工具条中的小图标 🖼，弹出选择框；选项设置如图 1-51 所示，单击"应用"按钮，弹出"点"对话框；选项设置如图 1-52 所示，另外，在视窗上部工具条中"选择范围"下拉选择"整个装配"，即

🔲 菜单(M) ▾ 　无选择过滤器 ▾ 　整个装配 ▾ ，

然后逐个点选模具图形中的 4 个小凸台边缘，捕捉到圆心坐标（每点选一个小凸台后单击一次鼠标中键），然后单击"取消"按钮，这样共计加入了 4 个镶件，如图 1-53 所示。

单击"注塑模工具"工具栏中的小图标 ⚒，出现图 1-54 所示对话框，按图示设置"修边曲面"后点选 4 个镶件，然后单击"确定"按钮，完成型

图 1-50

芯零件的小镶件的修整。

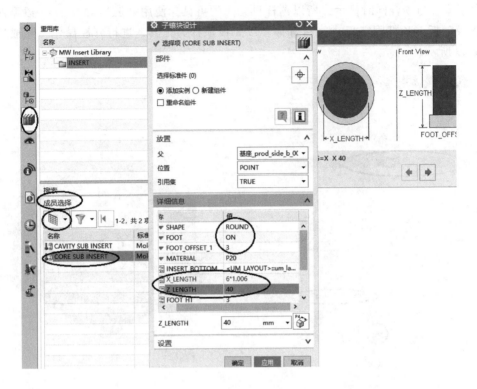

图 1-51

图 1-52

图 1-53

再使用"腔"命令 ，以型芯为目标体，以新加入的小镶件为工具，完成开腔操作。

图 1-54

1.5　浇注系统设计

　　勾选装配导航器中的 cavity 节点和 fill 节点，关闭所有其他节点，此时图形窗口只显示型腔零件，线框图形如图 1-55 所示。使用"分析"→"测量距离"命令，测出型腔顶面到分型面的距离为 15.09mm。

　　单击"主要"工具栏中的小图标 [图标]，出现图 1-56 所示"设计填充"对话框；再单击资源工具条中的小图标 [图标]，弹出选择框；选项设置如图 1-57 所示，其中尺寸"L1"是型腔顶部到分型面的距离，即 15.09mm，数据修改完后，单击"设计填充"对话框中的"选择对象"，然后点选型腔零件上任一点，出现一个可移动的坐标系，如图 1-58 所示，再单击这

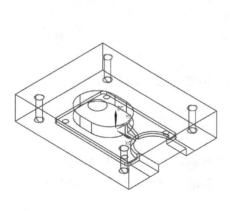

图 1-55

图 1-56

个可移动坐标系的原点，出现数据对话框，将"X""Y""Z"的值全部改为"0"，如图1-59所示，最后单击"设计填充"对话框中的"确定"按钮，完成点浇口的建立，结果如图1-60所示。

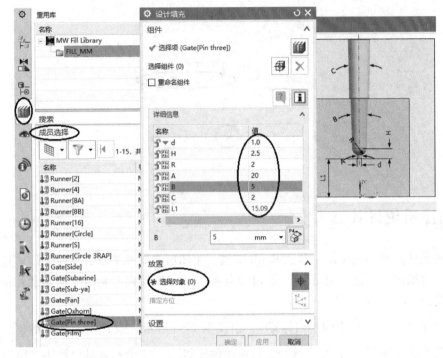

图 1-57

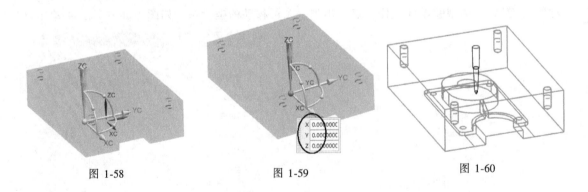

图 1-58　　　　　　　　　　图 1-59　　　　　　　　　　图 1-60

使用"腔"命令将浇口在型腔件上开腔，然后"抑制"浇口组件。

1.6　冷却系统设计

在本例中，只在定模部分的型腔件建立简单的冷却系统，不一定很合理，主要目的是通过简单的冷却系统的建立，介绍利用注塑模向导建立模具冷却系统的方法。

1. 建立水道

在装配导航器中，只勾选 cavity 节点，另将 cool_side_a 节点设置为工作部件，如图 1-61 示。

单击"冷却工具"工具栏中的"水路图样"小图标 ✎，弹出"通道图样"对话框；设置"通道直径"为 8mm，再单击"通道路径"选项中的图标，如图 1-62 所示，弹出"创建草图"对话框；选项设置如图 1-63 所示，单击"确定"按钮，在分型面上方 20mm 处绘制图 1-64 所示草图。

完成草图后，单击"创建草图"对话框中的"确定"按钮，创建的水路如图 1-65 所示。

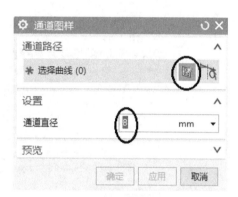

图 1-62

图 1-61

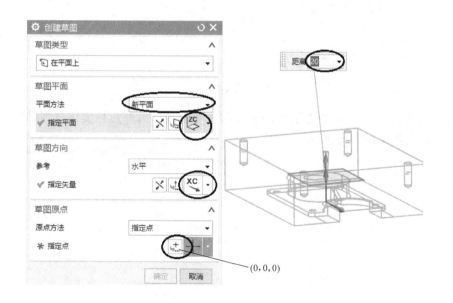

图 1-63

单击"冷却工具"工具栏中的小图标 ✎，弹出"延伸水路"对话框；选项设置如图 1-66 所示，单击对话框中的"应用"按钮，将两条进出水路修改成图 1-67 所示形式。

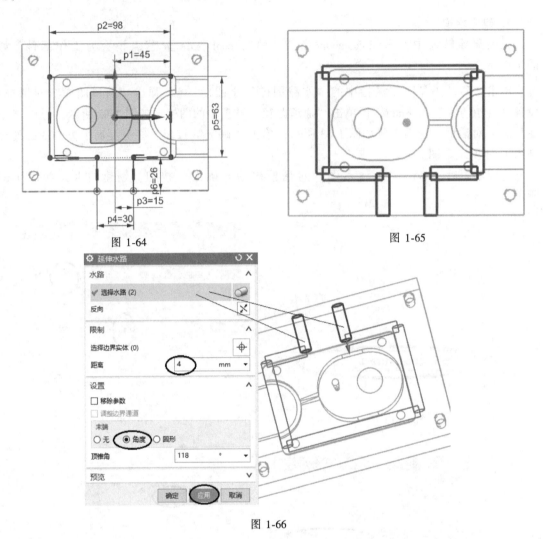

图 1-64

图 1-65

图 1-66

在"延伸水路"对话框中进行图 1-68 所示选项设置,另外边界实体选型腔零件,将剩余的水路修改为图 1-69 所示形式。

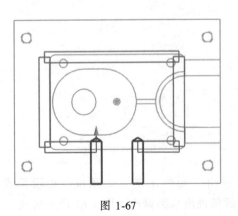

图 1-67

图 1-68

2. 加入水管接头

在装配导航器中双击 cool 节点，将它设置为工作部件，如图 1-70 所示。

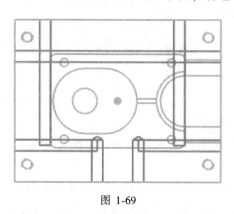

图 1-69   图 1-70

单击 "冷却工具" 工具栏中的小图标 ，弹出 "冷却组件设计" 对话框；再单击资源工具条中的小图标 ，弹出选择框；选项设置如图 1-71 所示，然后点选安装平面，再单击对话框中的 "确定" 按钮，弹出 "标准件位置" 对话框；再分别点选两个进出水道的圆心（每点选一次圆心后单击一次对话框中的 "应用" 按钮），最后单击 "确定" 按钮，完成两个进出水道管接头的加入，结果如图 1-72 所示。

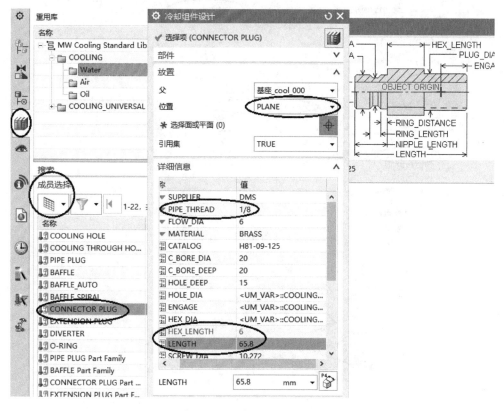

图 1-71

3. 加入堵头

单击"冷却工具"工具栏中的小图标 ，弹出
"冷却组件设计"对话框；再单击资源工具条中的小
图标 ，弹出选择框；选项设置如图 1-73 所示，然
后点选水道口所在端面，单击对话框中的"应用"
按钮，弹出"标准件位置"对话框；点选水道口圆
心，并单击"应用"按钮，加入一个堵头，若另一
个堵头在同一端面上，则继续点选另一个水道口圆

图 1-72

心，并单击"应用"按钮，加入另一个堵头，最后单击"确定"按钮，完成一个端面的水
口堵头的加入。

以相同的步骤完成各个端面堵头的加入，型腔零件上完整的定模冷却系统如图 1-74 所示。

最后使用"腔"命令 ，以浇注系统为工具对型腔及模架 A 板开腔。完成开腔后，将
水道全部"抑制"。

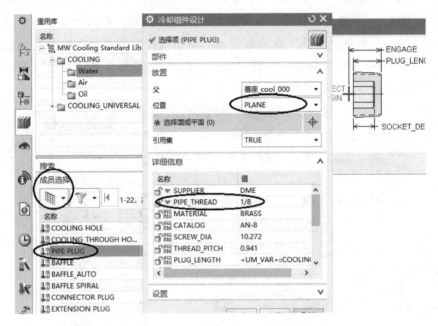

图 1-73

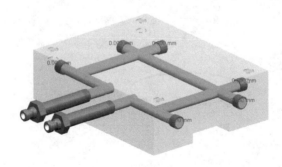

图 1-74

1.7　其他标准件的加入及零件修整

1. 加入回程弹簧

在装配导航器中打开模架的动模部分（moldbase 节点/movehalf 节点）。

单击"主要"工具栏中的小图标 ，出现"标准件管理"对话框；再单击资源工具条中的小图标 ，弹出选择框；选项设置如图 1-75 所示，然后点选模架的 B 板底面为弹簧放置面，再单击"应用"按钮，弹出"标准件位置"对话框；分别点选 4 个回程杆的圆心（每点选一个回程杆圆心，要单击一次对话框中的"应用"按钮），在这 4 根回程杆上加入 4 根弹簧，如图 1-76 所示，最后单击"取消"→"取消"按钮，关闭对话框。

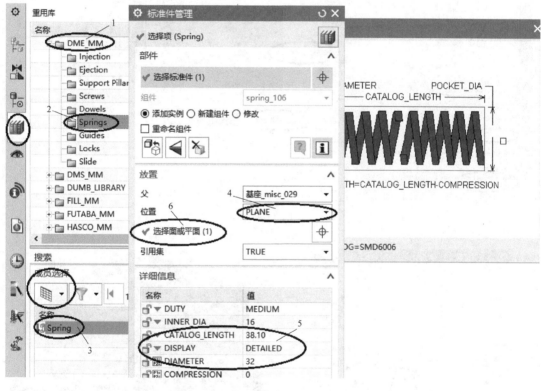

图 1-75

2. 加入拉销（树脂开闭器）

为确保开模时第一次分型是从定模座板与 A 板之间分开，必须在定模 A 板与动模 B 板之间加入拉销。

单击"主要"工具栏中的小图标 ，弹出"标准件管理"对话框；再单击资源工具条中的小图标 ，弹出选择框；选项设置如图 1-77 所

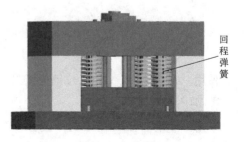

回程弹簧

图 1-76

示，然后点选分型面（B板上面），再单击"应用"按钮，弹出"标准件位置"对话框；输入图1-78所示数据，再单击"应用"按钮，完成了1根拉销的加入；继续在"标准件位置"对话框中输入坐标（0，-78），单击"确定"按钮，完成拉销的加入，结果如图1-79所示。

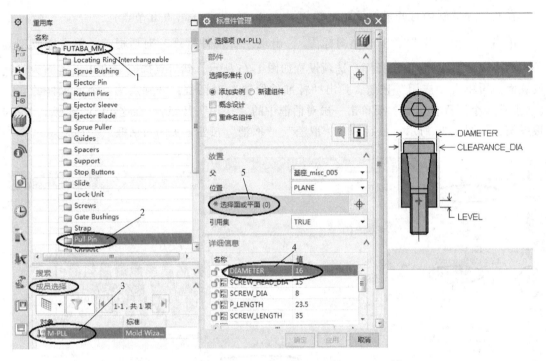

图 1-77

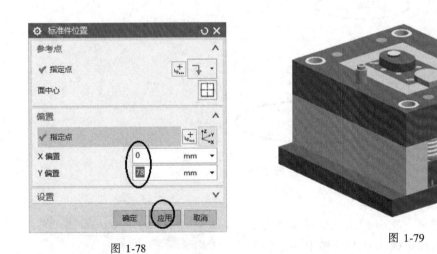

图 1-78

图 1-79

使用"腔"命令 🔧，以拉销为工具对模架A板、B板开腔。

3. 加入定距拉板

单击"主要"工具栏中的小图标 🔩，弹出"标准件管理"对话框；再单击资源工具条中的小图标 📚，弹出选择框；选项设置如图1-80所示（Strap节点是在标准件库的FUT-

ABA_ MM 父节点下），然后点选安装的平面，再单击"确定"按钮，弹出"标准件位置"对话框；输入图 1-81 所示数据，再单击"确定"按钮，完成定距拉板的加入，结果如图 1-82 所示。

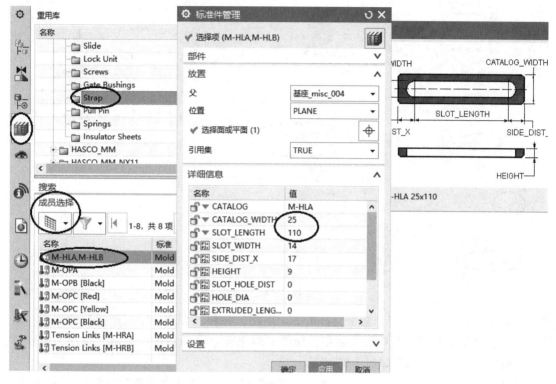

图 1-80

图 1-81

图 1-82

单击"主要"工具栏中的小图标 ，弹出"标准件管理"对话框；再单击资源工具条中的小图标 ，弹出选择框；选项设置如图 1-83 所示（Screws 节点是在标准件库的 FUTABA_MM 父节点下）；然后点选安装的平面，再单击"确定"按钮，弹出"标准件位

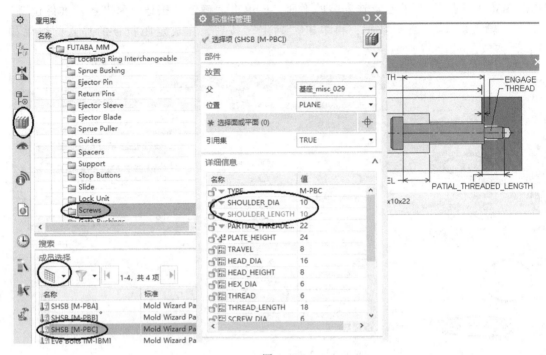

图 1-83

置"对话框；输入图 1-81 所示数据，再单击"应用"按钮，完成一个定距螺钉的加入；继续在"标准件位置"对话框中修改数据，如图 1-84 所示，最后单击"确定"按钮，完成第二个定距螺钉的加入，结果如图 1-85 所示。

单击 菜单(M) →"装配"→"组件"→"镜像装配"，弹出"镜像装配向导"对话框，按照对话框提示，将定距拉板和螺钉以 YC-ZC 基准面为镜像面复制到模架的另一面，结果如图 1-86 所示。

图 1-84   图 1-85   图 1-86

4. 修整模架底板

由于注射机顶杆通过模架底板才能推动模具的顶出机构，所以需在底板打孔。

将模架底板设置为工作部件，利用"孔"命令在坐标值为（XC=0，YC=0）的位置开设 φ30mm 的孔，如图 1-87 所示。

将所有非模具零件的组件（如浇道、冷却水道）"抑制"，使图形整洁清晰。

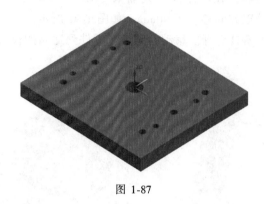

图 1-87

1.8 产生模具爆炸图

将整套模具上全部零件的节点打开，出现的图形如图 1-85 所示。

单击🥢 菜单(M) ▾ →"装配"→"爆炸图"→"新建爆炸"，出现图 1-88 所示的对话框，单击对话框中的"确定"按钮。

图 1-88

单击🥢 菜单(M) ▾ →"装配"→"爆炸图"→"编辑爆炸"，出现图 1-89 所示的"编辑爆炸"对话框；点选视图中要移动的零部件，然后在对话框中点选"移动对象"，此时在图中浇口套中心出现带箭头的移动坐标，若用鼠标单击 Z 坐标的箭头不松开，则可手动移动零件到任意位置；也可单击箭头后，在对话框中输入移动距离的数值，如图 1-90 所示。

图 1-89

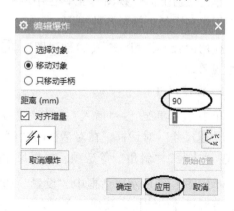

图 1-90

若单击 Z 坐标的箭头后，在"距离"处输入"90"，再单击"应用"按钮，此时可见第一次分型的部件向 Z 轴正方向移动了 90mm，如图 1-91 所示。

可按照上述方法，将模具拆开。移动模具各个零件到适当的位置，形成的视图称为爆炸图，如图 1-92 所示。

图 1-91

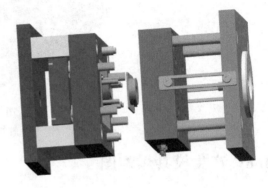

图 1-92

若要关闭爆炸图，则单击 菜单(M) ▾→"装配"→"爆炸图"→"隐藏爆炸"；若要打开爆炸图，则单击 菜单(M) ▾→"装配"→"爆炸图"→"显示爆炸"。

1.9 绘制型腔、型芯零件二维工程图

1. 建立视图

在装配导航器中用鼠标右键单击 cavity 节点，在快捷菜单中单击"在窗口中打开"，此时只显示型腔零件。

在视窗上部的菜单栏里单击"应用模块"→"制图"，进入二维工程图环境。

单击 菜单(M) ▾→"插入"→"图纸页"（或单击视窗上部工具栏中的"新建图纸页"小图标 ），弹出"工作表"对话框；选项设置如图 1-93 所示，单击"确定"按钮。

单击视窗上部"视图"工具栏中的"基本视图"小图标 ，弹出"投影视图"对话框，即可在图纸上投影各种视图。

使用"投影视图" 、"剖视图" 、"局部放大图" 等命令，构建图 1-94 所示二维视图。

2. 标注尺寸

单击 菜单(M) ▾→"插入"→"尺寸"→"快速"（或直接单击工具栏中的小图标 ），弹出"快速尺寸"对话框，在对话框的"测量方法"下拉列表中有"自动判断""水平""圆柱式""直径""斜角"等选项，根据尺寸的类型需要选定，如图 1-95 所示。

单击图 1-95 所示对话框中"设置"选项组中的小图标 ，弹出"快速尺寸设置"对话框，可对尺寸的结构、类型、文字大小、内容等项目进行设置。例如：要标注螺纹直径，选项设置如图 1-96 所示，关闭对话框后，即可对螺纹尺寸进行标注。

图 1-93

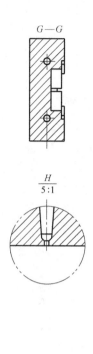

图 1-94

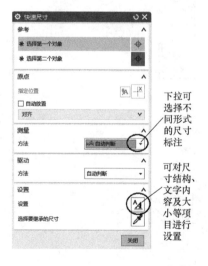

图 1-95

图 1-96

单击 菜单(M) →"插入"→"注释"→"表面粗糙度符号"，弹出"表面粗糙度"对话框；根据需要设置选项，如图 1-97 所示，即可标注零件上的表面粗糙度。

型腔零件最后的二维工程图如图 1-98 所示。

图 1-97

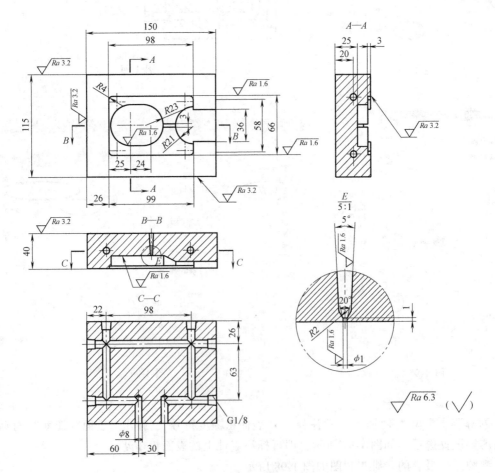

图 1-98

在装配导航器中用鼠标右键单击 core 节点，在快捷菜单中单击"在窗口中打开"，此时只显示型芯零件，绘制型芯的二维工程图如图 1-99 所示。

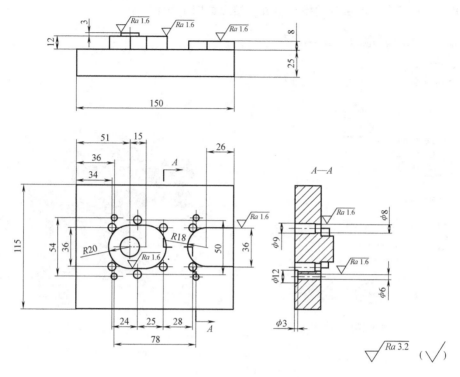

图 1-99

1.10 绘制模具二维总装配图

1. 三维模型转换为二维工程图

"抑制"非模具零件的节点，如水道、浇道和产品模型等，再打开模具所有的零部件，并将最高一级的 top 节点设置为工作部件。模具的俯视图要去掉其定模部分，直接从动模部分画俯视图，这样有利于看清型腔及浇注系统。因此，需要将动、定模组件分别显示。

首先关闭模架及在动模上的所有组件，此时视窗中除模架外的定模组件如图 1-100 所示。

单击"模具图纸"工具栏中的"装配图纸"小图标，弹出"装配图纸"对话框；选项设置如图 1-101 所示，然后框选屏幕上的定模组件，再单击对话框中的"确定"按钮，将所有定模组件的属性指派为"A"。

关闭所有定模组件，打开动模上的组件，结果如图 1-102 所示，重复上述步骤，"装配图纸"对话框的选

图 1-100

项设置如图 1-103 所示，注意"属性值"为"B"，然后框选图 1-102 所示的所有组件，单击
"确定"按钮，将所有动模组件的属性指派为"B"。

打开包括模架在内的所有的模具组件，结果如图 1-104 所示。

图 1-101

图 1-102

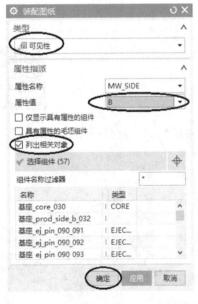

图 1-103

图 1-104

单击"模具图纸"工具栏中的"装配图纸"小图标，弹出"装配图纸"对话框；
选项设置如图 1-105 所示，单击"应用"→"取消"按钮，此时进入 A0 图纸页面，如
图 1-106 所示。

图 1-105

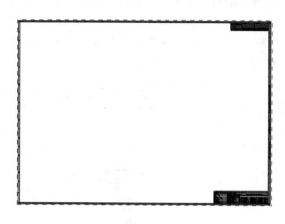

图 1-106

单击"应用模块"选项卡，再单击"制图"，如图 1-107 所示，进入制图模块。若弹出"视图创建"对话框，则单击对话框"取消"按钮。

图 1-107

单击"基本视图"图标，首先添加模具的俯视图，再投影得到主视图，如图 1-108 所示。

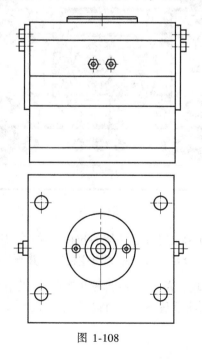

图 1-108

为了在主视图中反映小水口模具的特征及主要模具结构，剖切位置必须经过导柱、成型零件、浇口、顶杆、小镶件、定距拉板、锁模销钉等。

双击俯视图，弹出"设置"对话框；选项设置如图1-109所示，然后单击对话框中的"确定"按钮，俯视图中即会显示内部的零件轮廓，如图1-110所示，这样有利于设置剖切线。

图 1-109

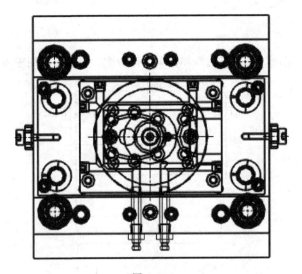

图 1-110

使用"剖视图"命令，剖切位置经过模架的拉板、导柱、顶杆、成型零件、小镶件、浇口等，如图1-111所示，设置D—D剖切线，投影出主视图，并删除原主视图，如图1-111所示。

回到"注塑模向导"模块，单击"模具图纸"工具栏中的"装配图纸"图标，弹出"装配图纸"对话框；选项设置如图1-112所示，最后单击"确定"按钮，俯视图如图1-113所示。

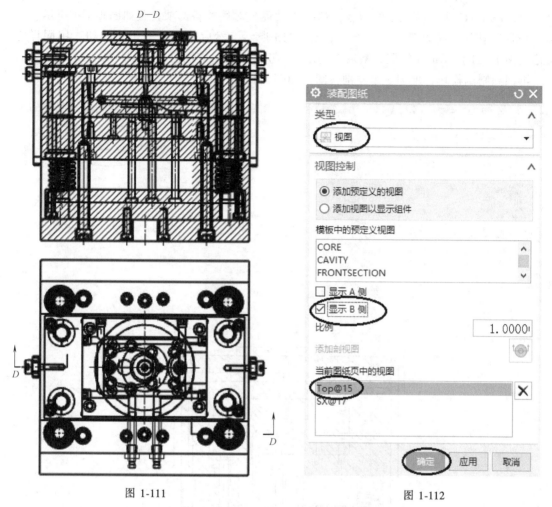

图 1-111

图 1-112

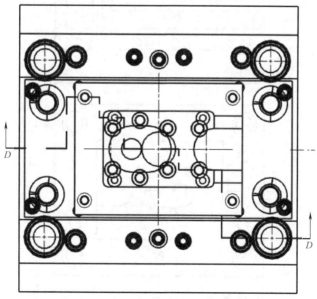

图 1-113

双击图 1-113 所示俯视图的边缘，弹出"设置"对话框；选项设置如图 1-114 所示，单击"应用"按钮，再设置另一选项，如图 1-115 所示，然后单击"确定"按钮。用同样方法修改图 1-111 所示的主视图，最后得到图 1-116 所示主、俯视图。

再回到制图模块，增加一个左剖视图，如图 1-117 所示。

图 1-114

图 1-115

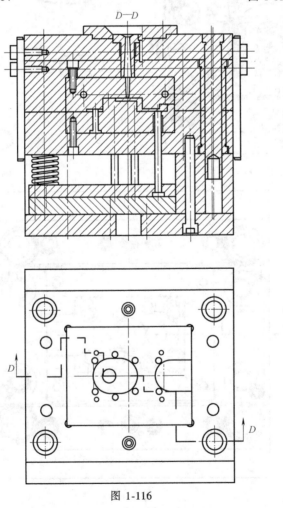

图 1-116

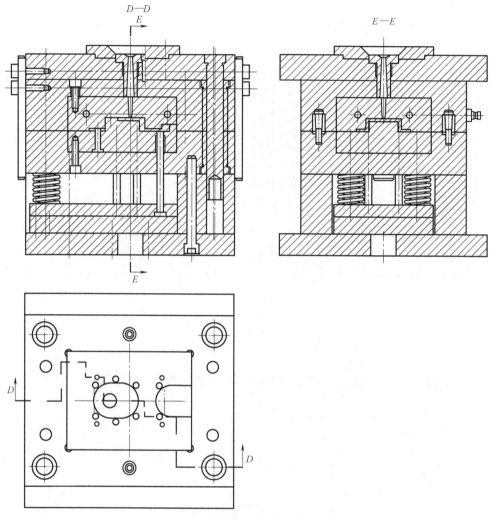

图 1-117

图 1-117 所示的剖视图的各个零件的剖面线方向及间距均一样，因此要修改，使得相邻零件的剖面线方向或剖面线间距不一致。修改的方法如下：双击要修改的剖面线，弹出图 1-118 所示对话框，修改剖面线的"距离"和"角度"，单击"确定"按钮完成操作。最后主、左剖视图如图 1-119 所示。

UG NX 制图模块绘制各个不同剖面的二维图还是不太方便，对于较复杂的图形，在生成各向视图后，可转换成 AutoCAD 文件，用 AutoCAD 软件修改和标注尺寸比较方便。

2. UG 二维工程图转换 AutoCAD 文件图

在 UG NX 制图模块中画好二维工程图后，单击主菜单条"文件"→"导出"→"AutoCAD DXF/DWG…"，出现

图 1-118

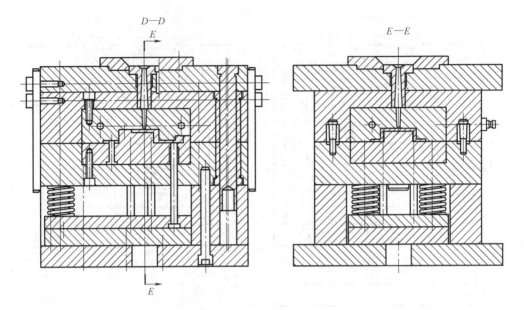

图 1-119

图 1-120

图 1-120 所示对话框；在"输出 DWG 文件"文本框中输入 AutoCAD 文件要存放的路径，单击"完成"按钮，稍后，出现"导出转换作业"对话框；再单击该对话框中的"是"按钮，即可将 UG 二维图转换成 AutoCAD 图形文件。

最后，根据制图标准及简单、清楚地反映各个零部件装配关系的表达原则，在 AutoCAD 软件中将 UG 二维工程图转换的图绘制成图 1-121 所示模具二维总装配图。

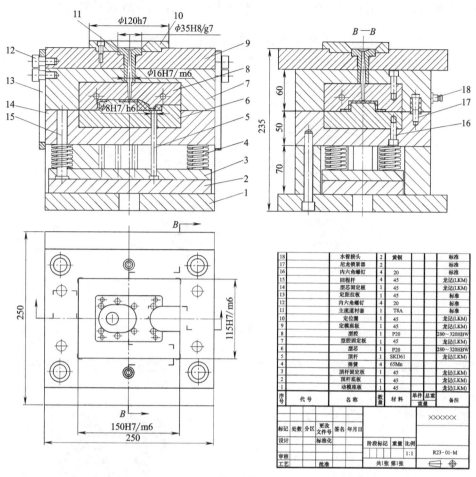

图 1-121

18		水管接头	2	黄铜		标准
17		尼龙锁紧器	2			标准
16		内六角螺钉	4	20		标准
15		回程杆	4	45		龙记(LKM)
14		型芯固定板	1	45		龙记(LKM)
13		定距拉板	1	45		龙记(LKM)
12		内六角螺钉	4	20		标准
11		主流道衬套	1	T8A		
10		定位圈	1	45		龙记(LKM)
9		定模座板	1	45		龙记(LKM)
8		型腔	1	P20		280~320HBW
7		型腔固定板	1	45		龙记(LKM)
6		型芯	1	P20		280~320HBW
5		顶杆	1	SKD61		龙记(LKM)
4		弹簧	4	65Mn		
3		顶杆固定板	1	45		龙记(LKM)
2		顶杆底板	1	45		龙记(LKM)
1		动模座板	1	45		龙记(LKM)
序号	代号	名称	数量	材料	单件 总重 重量	备注

1.11　拆分电极设计

由于型腔有个斜加强筋，尺寸小，难以精加工成型；另外型腔有两个半圆尖角也难以精加工成型，可在粗加工后使用电极进行电火花精加工，因此需要制作加工加强筋及半圆尖角的电极。

1. 制作电极

关闭所有的部件节点，只打开 cavity 节点，图形显示如图 1-122 所示。

单击"注塑模向导"选项卡中的小图标 （若找不到"电极"图标，则打开图 1-123 所示"定制"对话框，拉出 并放到视窗上部工具栏中），弹出"电极设计"对话框；选项设置

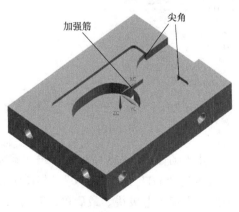

图 1-122

如图 1-124 所示，单击对话框中的"尺寸"选项卡，出现图 1-125 所示对话框。

图 1-123

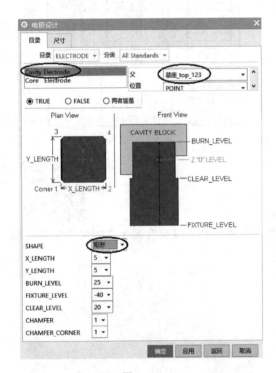

图 1-124

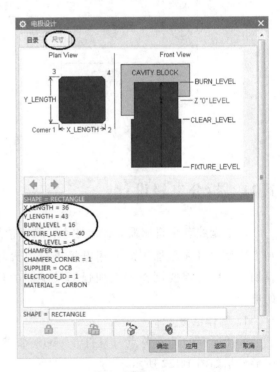

图 1-125

尺寸改动如图 1-125 所示，单击"确定"按钮，弹出"点"对话框；输入"XC"的值为"31.8"，"YC"的值为"0"，如图 1-126 所示，然后单击对话框中的"确定"按钮，即在型腔上出现了电极块。最后单击对话框中的"取消"按钮关闭对话框。

单击"注塑模工具"工具栏中的小图标 ，出现"修边模具组件"对话框；先点选屏幕中的电极为"目标"，对话框中的选项设置如图 1-127 所示，注意通过单击按钮 ，使修剪方向符合要求，结果如图 1-128 所示，然后单击"确定"按钮，完成电极的制作。

图 1-126

图 1-127

在装配导航器中关闭 cavity 节点，再旋转一下视图，即可见到图 1-129 所示的电极。

图 1-128

图 1-129

2. 修整电极

在装配导航器中将电极设为工作部件，如图 1-130 所示。

两次使用 菜单(M) ▼→"插入"→"设计特征"→"拉伸"命令，去掉加强筋两边的毛刺，如图 1-131 所示。

使用 菜单(M) ▼→"插入"→"同步建模"→"替换面"命令，修改图 1-132 所示的面，修改完成后如图 1-133 所示。

使用"拉伸"命令，在半圆顶面绘制图 1-134 所示矩形草图，将其拉伸成实体并与电极"求差"，得到图 1-135 所示的最终电极。

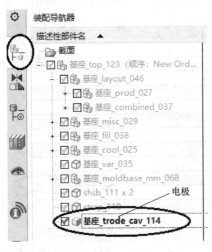

图 1-130

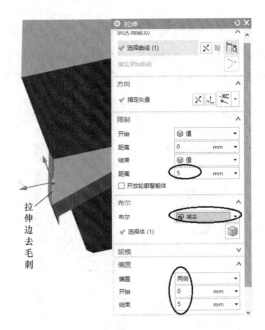

图 1-131

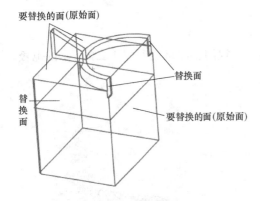

图 1-132

图 1-133

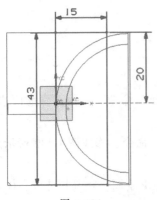

图 1-134

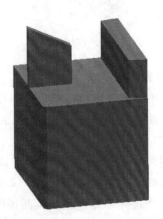

图 1-135

第2章

一模两腔侧浇口模具设计

2.1 基本思路

图 2-1 所示为注塑成型放大镜产品模型及浇注系统。产品成型模具选用大水口模架，采用一模两腔结构，放大镜中间面分型，浇口形式采用图 2-1 所示的侧浇口，顶出机构采用顶杆顶出，顶杆兼作放大镜镜面成型零件。

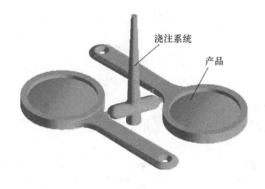

图 2-1

2.2 模具分型设计

启动 UG NX12.0，出现软件操作界面，使用鼠标右键单击屏幕上方工具栏的空白区域，弹出右键快捷菜单，如图 2-2 所示；在菜单中勾选"注塑模向导"，此时在视窗的上部选项卡区出现"注塑模向导"，操作界面如图 2-3 所示。

1. 加载产品

首先创建一个文件夹，命名为"放大镜模具"，将放大镜产品模型文件拷入"放大镜模具"文件夹内。

单击"初始化项目"小图标 ，弹出"部件名"对话框；从新建的"放大镜模具"文件夹里找到需要加载的产品模型文件"放大镜.prt"，出现图 2-4 所示对话框。在对话框中的"材料"下拉列表中选择"PMMA"，"收缩"（材料收缩率）的数值根据所选材料自动默认为"1.002"，然后单击"确定"按钮，视窗中出现图 2-5 所示产品模型（注意点选"注塑模向导"选项卡）。

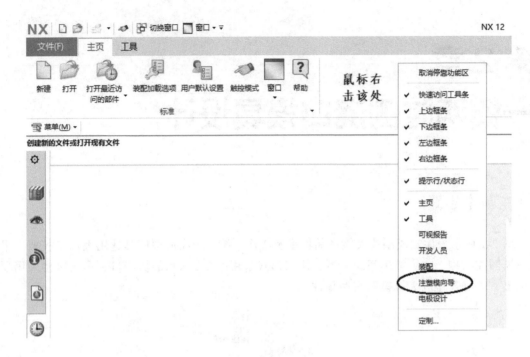

图 2-2

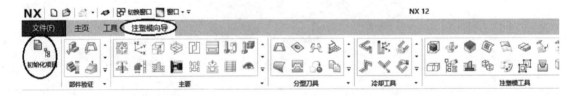

图 2-3

图 2-4   图 2-5

2. 定义模具坐标系

单击"主要"工具栏中的小图标 ，出现"模具坐标系"对话框；由于放大镜建模坐标系符合模具坐标系要求，所以选项设置如图 2-6 所示，再单击"确定"按钮，完成模具坐标系的设定。

3. 定义成型镶件（模仁）

单击"主要"工具栏中的小图标 ，出现图 2-7 所示对话框。单个成型镶件厚度尺寸为 60mm（以分型面为界上、下各 30mm），如图 2-7 所示，然后单击对话框中的图标 ，进入图 2-8 所示草图环境，可修改镶件的长、宽尺寸，如

图 2-6

图 2-9 所示，完成草图后单击图 2-7 所示对话框中的"确定"按钮，完成了单个型腔镶件的加入，结果如图 2-10 所示。

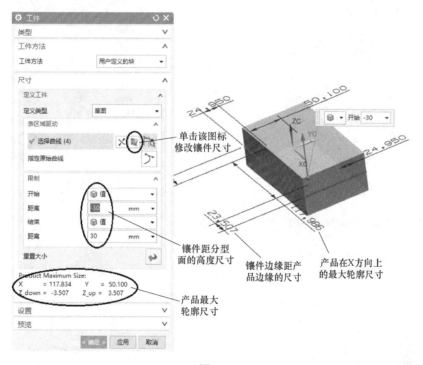

图 2-7

4. 多型腔布局

单击"主要"工具栏中的 ，出现"型腔布局"对话框。先设置有关参数，如图 2-11 所示，然后单击对话框中的"开始布局"图标，再单击对话框中的"编辑插入腔"图标，弹出图 2-12 所示对话框，输入数据后单击"确定"按钮，回到图 2-11 所示对话框，最后单击"自动对准中心"图标，关闭对话框后即完成一模两腔的布局操作，结果如图 2-13 所示。

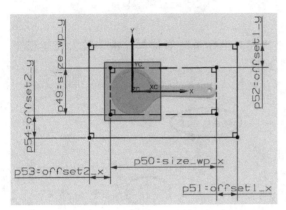

图 2-8

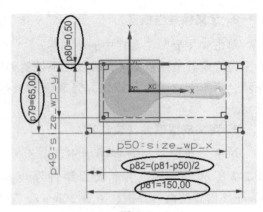

图 2-9

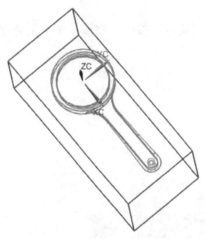

图 2-10

图 2-11

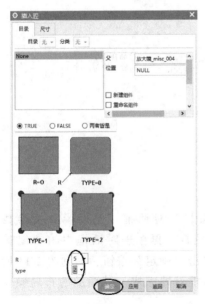

图 2-12

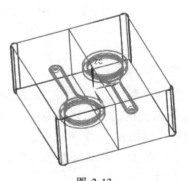

图 2-13

在装配导航器中关闭 misc 节点下的 pocket 节点，即隐去刚插入的腔体。

5. 生成型芯、型腔

1）单击“分型刀具”工具栏中的小图标 ⬠，弹出“检查区域”对话框；然后单击对话框中的“面”选项卡，如图 2-14 所示，再单击“面拆分”按钮，弹出“拆分面”对话框；先通过下拉菜单选择“类型”，如图 2-15 所示，然后选放大镜周边面，如图 2-16 所示，再单击对话框中的“添加基准平面”图标，弹出图 2-17 所示对话框；“类型”选择“⬚ XC-YC 平面”，然后单击“确定”→“确定”按钮，回到“检查区域”对话框，此时，放大镜中间的最大周边面部分出现分割线。

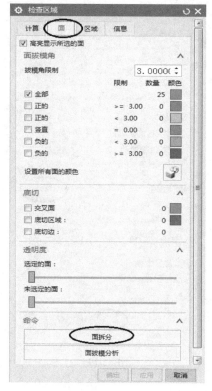

图 2-14

图 2-15

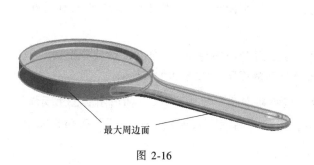

最大周边面

图 2-16

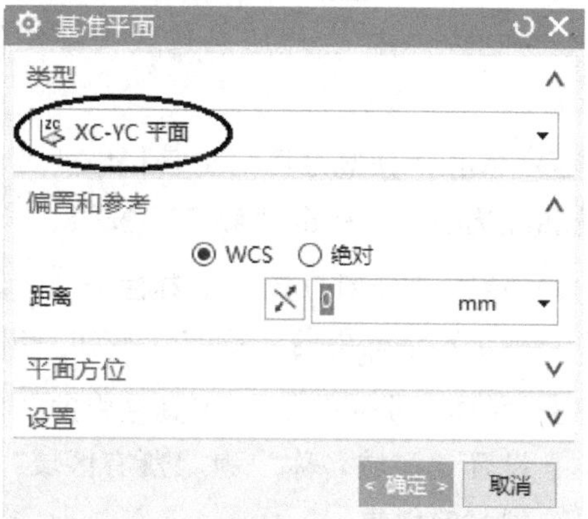

图 2-17

单击"检查区域"对话框中的"计算"选项卡,如图2-18所示,再单击"计算"图标
▤,完成区域的计算。

单击"检查区域"对话框中的"区域"选项卡,如图2-19所示,然后单击"设置区域
颜色"图标🖐,此时,放大镜图形以中间分割线为界出现橙、蓝两种颜色,橙色是型腔区
域,蓝色是型芯区域。

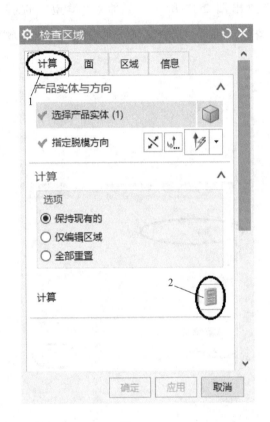

图 2-18   图 2-19

2）单击"分型刀具"工具栏中的"曲面补片"小图标◈,弹出图2-20所示对话框;
"类型"选择"体",然后点选放大镜实体,再单击"确定"按钮,完成放大镜手柄孔的
补片。

3）单击"分型刀具"工具栏中的"定义区域"小图标🐾,弹出图2-21所示对话框;
勾选相应选项后,单击"确定"按钮。

4）单击"分型刀具"工具栏中的"设计分型面"小图标🔳,弹出"设计分型面"对
话框;单击对话框中的"确定"按钮,出现分型面的图形,如图2-22所示。

5）单击"分型刀具"工具栏中的"定义型腔和型芯"小图标🔲,弹出图2-23所示对
话框;设置"区域名称"为"所有区域"后,单击"确定"→"确定"→"确定"按钮,完成
型芯、型腔的创建。

图 2-20

图 2-21

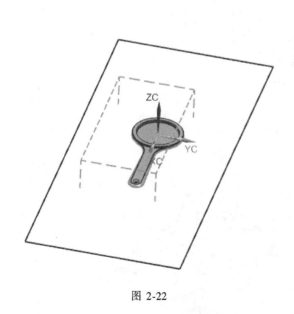

图 2-22

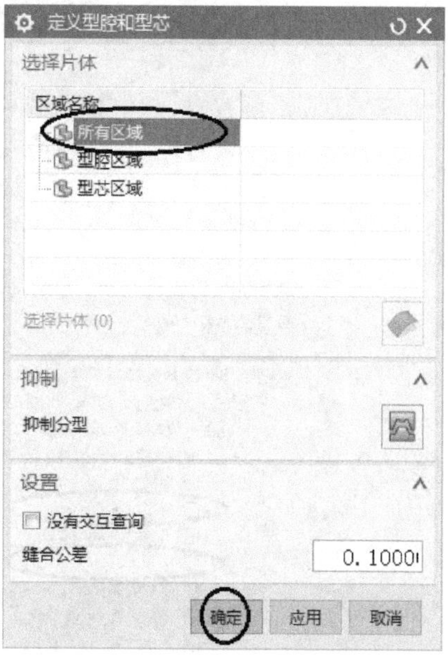

图 2-23

　　6）关闭分型导航器，如图 2-24 所示，然后单击视窗顶部"窗口"，勾选 top 节点，如图 2-25 所示，此时，视窗图形如图 2-26 所示。

　　在装配导航器中双击 top 节点，使其成为工作部件。在装配导航器中关闭图 2-27 所示 3 个节点，以便检查分型是否成功，此时，视窗中显示的是型芯零件如图 2-27 所示。

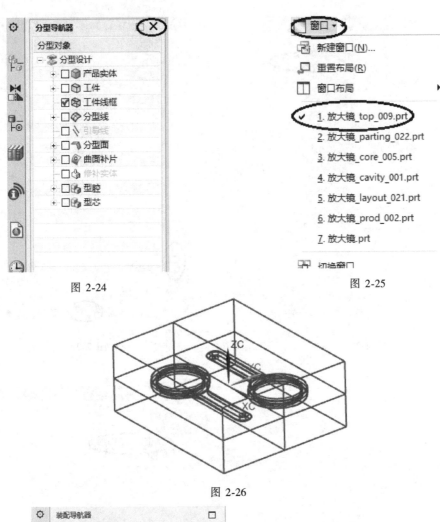

图 2-24

图 2-25

图 2-26

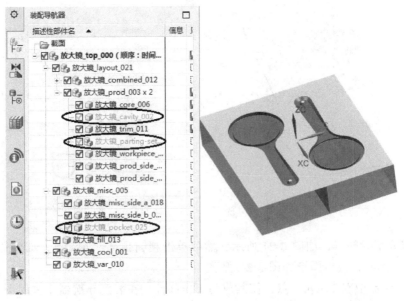

图 2-27

打开所有节点，视窗中的图形如图 2-28 所示。

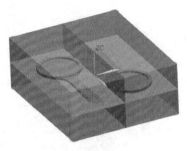

图 2-28

2.3　加入标准件

1. 加载标准模架

单击"主要"工具栏中的"模架库"小图标 ，弹出"模架库"对话框；再单击资源工具条中的小图标 ，弹出选择框；选项设置如图 2-29 所示，表示选用的模架为龙记大水口模架（LKM_SG），C 类型，工字边，基本尺寸为：200mm×250mm，A 板厚度为 30mm，B 板厚度 50mm，然后单击"确定"按钮，完成标准模架的装载，出现图 2-30 所示图形。

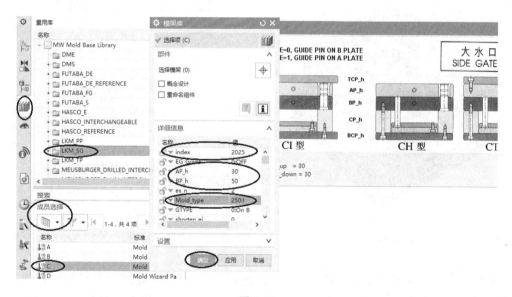

图 2-29

在装配导航器中，关闭模架的定模部件（moldbase 节点/fixhalf 节点），发现成型镶件的长度在模具的宽度方向上，如图 2-31 所示，使得模架宽度不够，而长度有余，故必须将模架旋转 90°。

打开定模部件（fixhalf 节点），再单击"主要"工具栏中的小图标 ，弹出"模架库"

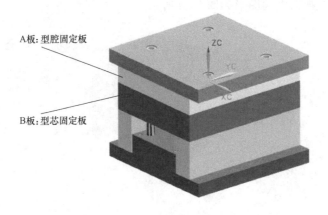

A板:型腔固定板

B板:型芯固定板

图 2-30

对话框；单击对话框中部的小图标 （注意只单击 1 次），如图 2-32 所示，然后单击 "取消" 按钮，完成模架 90°旋转。

图 2-31

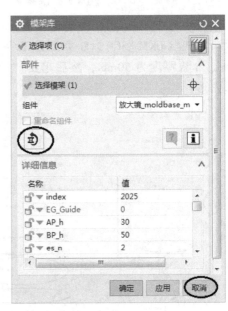

图 2-32

单击 "主要" 工具栏中的小图标 ，弹出图 2-33 所示 "开腔" 对话框；在视图中，点选 A 板、B 板为目标体，单击鼠标中键后，再点选 A 板、B 板中的方块（注意在装配导航器中勾选 pocket 节点）为工具体，如图 2-34 所示，然后单击 "确定" 按钮，完成模架 A 板、B 板上的开腔操作。

另外，为了方便看图，可将开腔体暂时隐藏，即将开腔体 "抑制"。在装配导航器中用鼠标右键单击 pocket 节点，如图 2-35 所示，然后单击 "抑制"，弹出图 2-36 所示对话框；点选 "始终抑制"，再单击 "确定" 按钮，开腔体被抑制了。

图 2-33

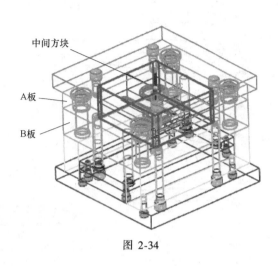

图 2-34

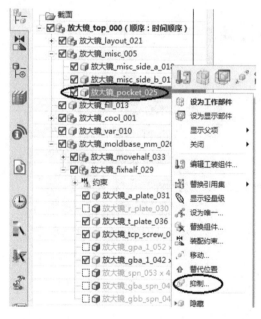

图 2-35

图 2-36

2. 加入定位环

单击"主要"工具栏中的小图标 ，弹出"标准件管理"对话框；再单击资源工具条中的小图标 ，弹出选择框；选项设置如图 2-37 所示，然后单击对话框中的"确定"按钮，在模架顶部加入 $\phi120mm$ 的定位环。

3. 加入浇口套

单击"主要"工具栏中的小图标 ，弹出"标准件管理"对话框；再单击资源工具条中的小图标 ，弹出选择框；选项设置如图 2-38 所示，然后单击"确定"按钮，在模架的

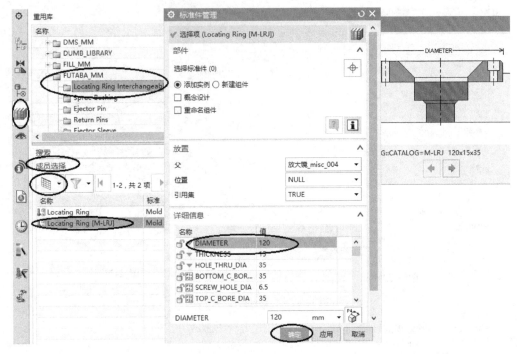

图 2-37

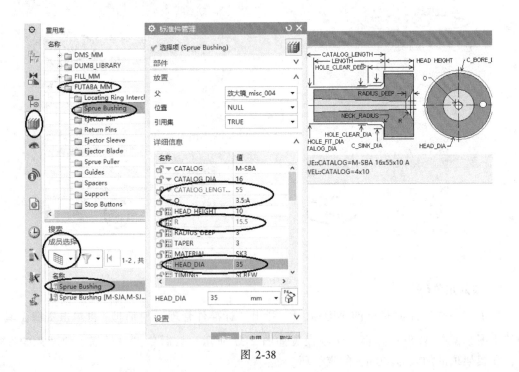

图 2-38

上面加入浇口套。由于浇口套被模架包围，在渲染的情况下只是隐约可见，要将浇口套在模架中开腔才能看到清晰结构。

单击"主要"工具栏中的 ![icon]，弹出"腔体"对话框；点选模具的定模座板、A 板及型腔零件为目标体，点选定位环和浇口套为工具，单击"确定"按钮，完成后的结果如图 2-39 所示。

4. 加入紧固螺钉

在装配导航器中关闭所有的文件，然后打开 moldbase 节点/movehalf 节点/b_plate 组件和 layout 节点/prod 节点/core 组件，视窗中的图形如图 2-40 所示。

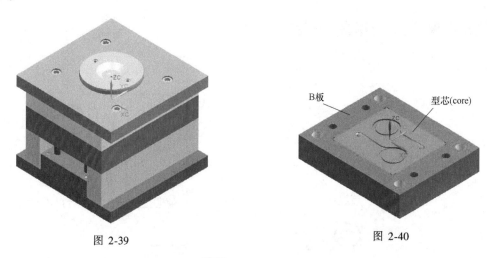

图 2-39

图 2-40

单击"主要"工具栏中的小图标，出现"标准件管理"对话框；再单击资源工具条中的小图标，出现选择框；选项设置如图 2-41 所示；然后点选 B 板的背面，单击对话

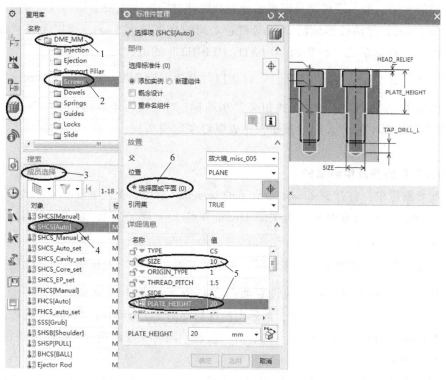

图 2-41

框中的"确定"按钮，弹出"标准件位置"对话框；输入"X 偏置"为"50"，"Y 偏置"为"56"，单击"应用"按钮，如图 2-42 所示，此时在 B 板的点坐标（50，56）处出现了螺钉；继续在"标准件位置"对话框中修改位置坐标为（-50，56），再单击对话框中的"应用"按钮，重复此步骤，在（-50，-56）、（50，-56）坐标位置也加入螺钉，最后单击"取消"→"取消"按钮，此时垫板上出现 4 个紧固螺钉。将视图线框化显示，图形如图 2-43 所示。

图 2-42

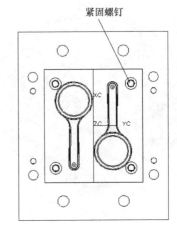

图 2-43

以同样的方法，加入连接模具定模部分的型腔件与定模座板的紧固螺钉。注意：定模座板的厚度是 25mm，比动模部分的 B 板与型芯之间的高度差大 5mm，所以要将"标准件管理"对话框中"详细信息"栏里的"PLATE_HEIGHT"的值改为"25"。

使用"腔"命令 ，弹出"开腔"对话框；点选定模座板、B 板、型芯和型腔零件为目标体，然后单击对话框中的"查找相交"小图标 （相当于点选了 8 个紧固螺钉为工具），再单击对话框中的"确定"按钮，完成螺钉在定模座板、B 板、型芯和型腔零件上的开腔操作。

5. 加入型腔顶杆及中心顶杆

在装配导航器中，打开 moldbase 节点下的 movehalf 节点，关闭 moldbase 节点下的 fixhalf 节点和 misc 节点下的所有组件，再关闭 layout 节点/prod 节点下的 parting 节点和 cavity 节点，结果如图 2-44 所示。

单击"主要"工具栏中的小图标 ，出现"标准件管理"对话框；再单击资源工具条中的小图标 ，出现选择框；选项设置如图 2-45 所示，单击"确定"按钮，弹出"点"对话框里；选项设置如图 2-46 所示，然后用鼠标捕捉图 2-47 所示有"Work"标志的型芯镜面圆心并单击，最后单击"确定"→"取消"按钮，同时完成两根放大镜镜面顶杆的加入，结果如图 2-48 所示。

以同样的方法加入中心顶杆（用于顶出主浇道凝料），在"标准件管理"对话框中的

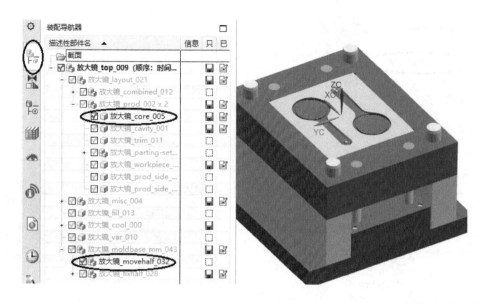

图 2-44

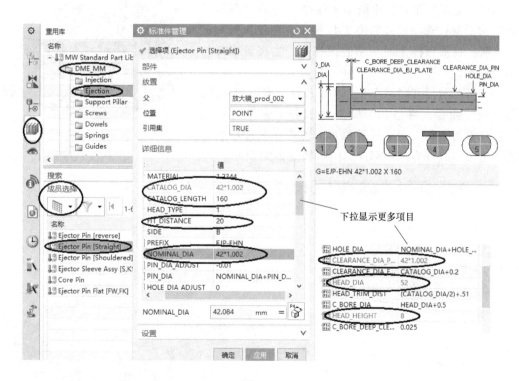

图 2-45

"详细信息"栏里将"CATALOG_DIA"的值改为"8","CATALOG_LENGTH"的值改为"125","FIT_DISTANCE"的值改为"15",再单击"确定"按钮;在弹出的"点"对话框中将坐标值设置为(0,0,0),最后单击"确定"→"取消"按钮,完成中心顶杆的加入。

图 2-46

图 2-47

6. 修剪顶杆

单击"主要"工具栏中的小图标 ，出现"顶杆后处理"对话框；选项设置如图 2-49 所示，完成顶杆的修剪，此时，镜面顶杆上部与型腔面齐平、主浇道顶杆与分型面齐平。

由于型芯与顶杆同时存在，所以顶杆只能隐约可见，使用"腔"命令，将型芯、模架 B 板和 e 板作为目标体，顶杆作为工具，完成开腔操作，然后在装配导航器中将最上层节点设为工作部件，图形如图 2-50 所示。

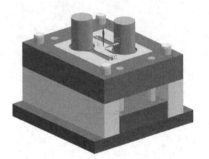

图 2-48

图 2-49

图 2-50

7. 加入主浇道拉料镶件

单击"主要"工具栏中的小图标 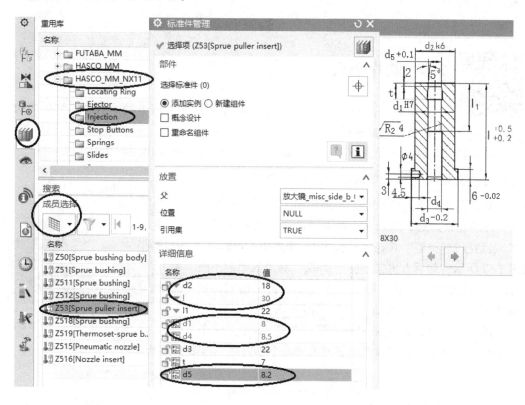，出现"标准件管理"对话框；再单击资源工具条中的小图标 ，弹出选择框；选项设置如图 2-51 所示，单击"确定"按钮，在模架的上面加入主浇道拉料镶件。由于镶件被模架包围，所以在渲染的情况下只是隐约可见，要使用"腔"命令后才能看到清晰结构。

图 2-51

8. 修改中心顶杆

现在主浇道凝料依靠拉料镶件的锥孔拉出，而中心顶杆的任务是将凝料顶出锥孔，所以中心顶杆应该缩短一个锥孔的长度（7mm）。

用鼠标右键单击中心顶杆，弹出右键菜单，单击右键菜单中的"在窗口中打开"，此时视窗中显示中心顶杆。

单击视窗上部"主页"选项卡，如图 2-52 所示，打开建模模块。

文件(F)　主页　装配　曲线　曲面　分析　视图　渲染　工具　应用模块　注塑模向导

图 2-52

利用"偏置面"命令，将中心顶杆的顶端面偏置 -7mm，结果如图 2-53 所示。然后在视窗上部关闭顶杆页面，如图 2-54 所示。

图 2-53

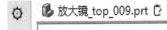

选择对象并使用 MB3，或者双击某一对象

放大镜_top_009.prt   放大镜_ej_pin_070.prt

图 2-54

2.4 制作小嵌件

型芯上有 1 个小凸台（用于成型放大镜手柄上的小孔），为便于加工，将该凸台制成嵌件。

关闭定模及定位环等无关节点，打开动模及型芯节点，视窗出现图 2-55 所示图形。

单击"主要"工具栏中的小图标 ，弹出"子镶块设计"对话框；再单击资源工具条中的小图标 ，弹出选择框；选项设置如图 2-56 所示，单击"确定"按钮，弹出"点"对话框；"类型"选择"圆弧中心/椭圆中心/球心"，如图 2-57 所示，然后点选有绿色"Work"标志的型芯小凸台边缘，捕捉到圆心坐标，如图 2-58 所示，再单击对话框中的"确定"→"取消"按钮，此时同时加入两个小嵌件。若只看到一个嵌件，则在装配导航器中勾选 prod_side 节点，如图 2-59 所示，就可以看到新加入的两个小嵌件，如图 2-60 所示。

图 2-55

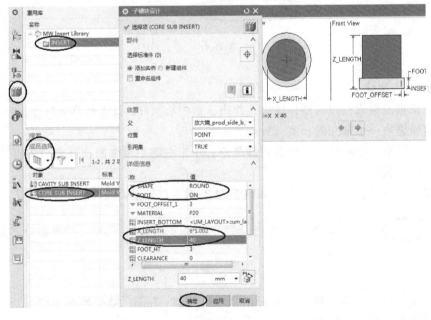

图 2-56

图 2-57

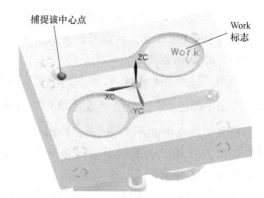

捕捉该中心点

Work 标志

图 2-58

图 2-59

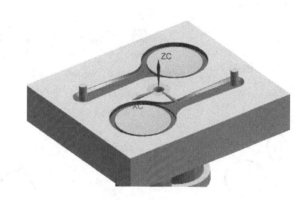

图 2-60

单击"注塑模工具"工具栏中的小图标 ，出现"修剪模具组件"对话框；点选两个小嵌件为目标体，"修边曲面"选择"CORE_ TRIM_ SHEET"，然后单击"确定"按钮，如图 2-61 所示，完成两个型芯零件的小嵌件修整。

使用"腔" 命令，以亮显的（有"Work"标志）型芯为目标体，以新加入的小嵌件为工具，完成开腔操作。

以同样的方法，在型腔零件上制作两个小嵌件。注意：在图 2-56 所示的选择框中，"成员选择"选择"CAVITY SUB INSERT"；在图 2-61 所示的对话框中，"修边曲面"选择"CAVITY_TRIM_SHEET"。

图 2-61

2.5 浇注系统设计

1. 建立浇口

除 core 节点外，关闭所有其他节点，并将 top 节点设置成工作部件，另外，注意勾选 fill 节点，将图形旋转成 TOP 视图，在建模状态下使用"直接草图"中的工具绘制图 2-62 所示斜直线。

回到"注塑模向导"选项卡，单击"主要"工具栏中的小图标，弹出"设计填充"对话框；再单击资源工具条中的小图标，弹出选择框；选项设置如图 2-63 所示，最后单击对话框中"放置"选项组中的"选择对象"，在视窗中点选斜直线的端点，出现图 2-64 所示图形；再单击旋转控制点，输入旋转角度"-115"，按<Enter>键后，出现图 2-65所示图形。

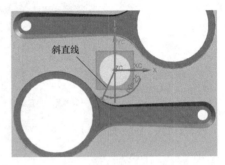

图 2-62

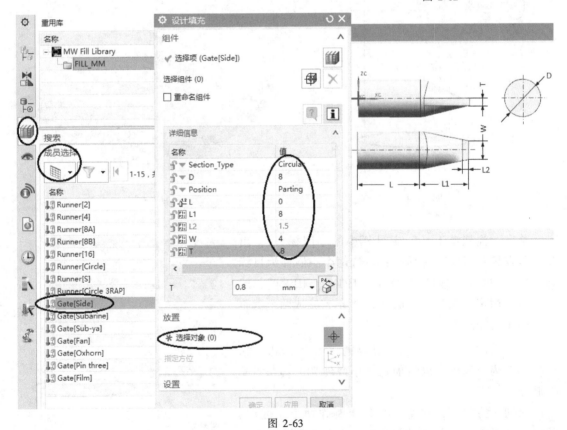

图 2-63

将浇口（fill 节点下的 side_gate 节点）设为工作部件，使用"偏置面"命令，将浇口面向型腔方向移动 1mm，如图 2-66 所示。

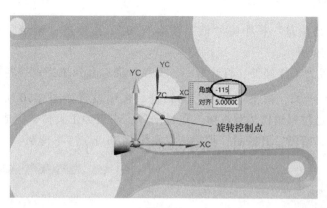

图 2-64

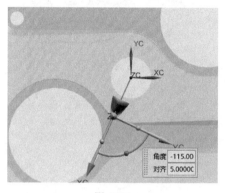

图 2-65

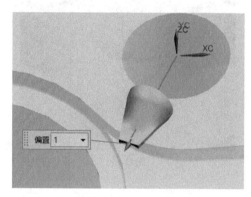

图 2-66

2. 建立流道

首先在装配导航器中双击 fill 节点，使之成为工作部件（这样创建的流道就会在这个节点下）；再单击"主要"工具栏中的小图标█，出现"流道"对话框；单击对话框中的图标█，在 XC-YC 基准面绘制图 2-68 所示斜线草图；完成草图后回到图 2-67 所示对话框，

图 2-67

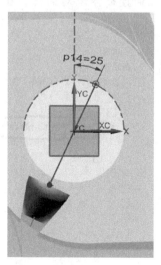

图 2-68

在对话框中的"详细信息"栏中将"值"改为"10",再单击"确定"按钮,完成流道的构建,图形如图2-69所示。

将top节点设置为工作部件,打开型芯、型腔、浇口套及主浇道拉料镶件。

使用"腔"命令 ,弹出"开腔"对话框,选项设置如图2-70所示,点选型芯、型腔、浇口套及主浇道拉料镶件为目标体,点选浇口、流道为工具体,完成开腔操作。

为了看图方便、清晰,开腔后,可将浇注系统(fill节点)"抑制"。

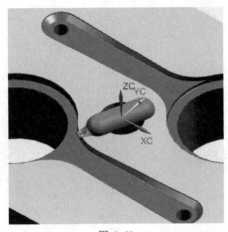

图 2-69

图 2-70

2.6　建立整体的型腔、型芯

由于型腔、型芯分别是由两块镶件组成,作为一个整体件应该将两块镶件合成一块。

在装配导航器中将comb-cavity节点设置为工作部件,如图2-71所示。

单击 菜单(M)▼→"插入"→"关联复制"→"WAVE几何链接器",出现图2-72所示的"WAVE几何连接器"对话框;在"类型"下拉列表中选择"体",然后选视窗中的两

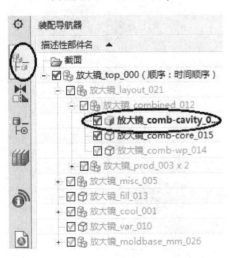

图 2-71

图 2-72

块 cavity 镶件，再单击对话框中的"确定"按钮，即可将两块 cavity 镶件链接到 comb-cavity 节点。

使用"合并" 命令，将两块镶件合并成一个整体。

以同样的方法，将两块 core 镶件链接到 comb-core 节点，并将两块镶件合并成一个整体。

2.7 冷却系统设计

本例中只在定模部分建立简单的冷却系统，不一定很合理，但目的是通过简单的冷却系统的建立，掌握利用注塑模向导建立模具冷却系统的方法。冷却水道建立的原则是要紧靠型腔，但不能太近，以免穿透；另外，要注意避开零件上的一些孔。

1. 建立水道

关闭其他无关的节点，只打开 comb-cavity 节点，视窗中的图形如图 2-73 所示。

将 cool_side_a 节点设置为工作部件。

单击"冷却工具"工具栏中的"水路图样"小图标 ，弹出图 2-74 所示对话框；单击"绘制截面"图标 ，弹出"创建草图"对话框；选项设置如图 2-75 所示，单击"确定"按钮后，在分型面上方 15mm 处绘制图 2-76 所示草图；完成草图后，单击对话框中的"确定"按钮，创建的水道如图 2-77 所示。

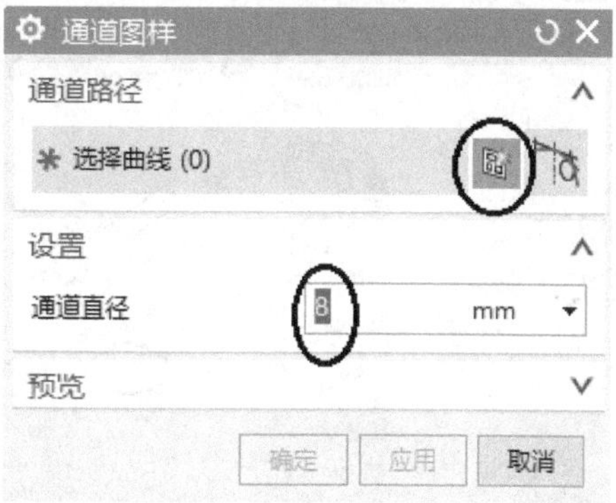

图 2-73

图 2-74

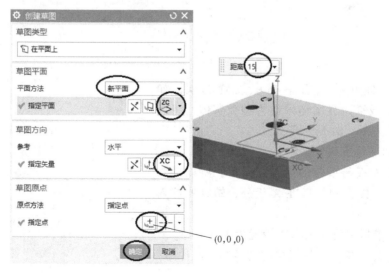

图 2-75

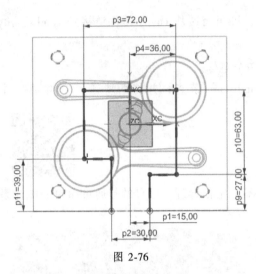

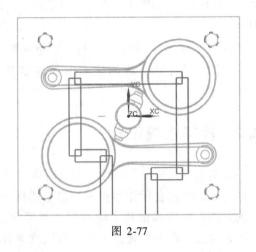

图 2-76

图 2-77

单击"冷却工具"工具栏中的"延伸水路"小图标，弹出"延伸水路"对话框；选项设置如图 2-78 所示，单击对话框中的"应用"按钮，将进、出水道修改成图 2-79 所示形式。

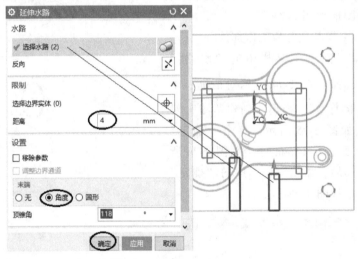

图 2-78

再在"延伸水路"对话框中设置选项，如图 2-80 所示，设置边界实体限制为型腔实体，将剩余的水道修改为图 2-81 所示形式。

2. 加入水道管接头

为了防止 A 板与型腔的配合面漏水，所以接头应为加长接头，接头的接口在 A 板外，螺纹要拧入型腔。

在装配导航器中将 cool 节点设置为工作部件。

单击"冷却工具"工具栏中的"冷却标准件库"小图标，弹出"冷却组件设计"对话框；再单击

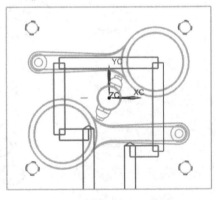

图 2-79

资源工具条中的小图标 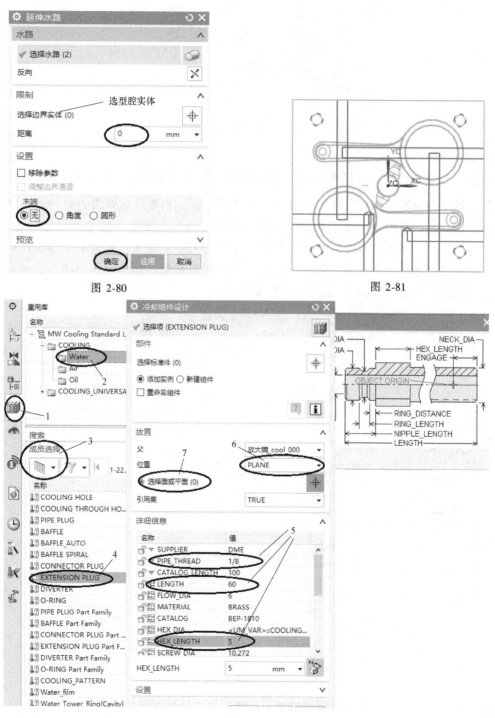，出现选择框；选项设置如图 2-82 所示，点选安装平面后单击对话框中的"确定"按钮，弹出"标准件位置"对话框；分别点选进、出水道的圆心（每点选一次圆心需单击一次对话框中的"应用"按钮），然后单击"取消"按钮，完成进、出水道管接头的加入，如图 2-83 所示。

图 2-80

图 2-81

图 2-82

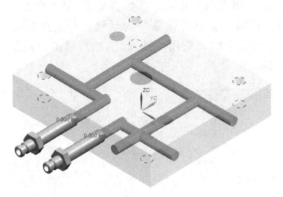

图 2-83

3. 加入堵头

单击"冷却工具"工具栏中的"冷却标准件库"小图标 ，弹出"冷却组件设计"对话框；再单击资源工具条中的小图标 ，出现选择框；选项设置如图 2-84 所示，然后点选具有水道口的一个端面，单击对话框中的"应用"按钮，弹出"标准件位置"对话框；点选水道口圆心，再单击对话框中的"应用"按钮加入一个堵头；若另一个堵头在同一端面上，则继续点选另一个水道口圆心，再单击"应用"按钮，加入另一个堵头，最后单击"取消"按钮，完成一个端面的水口堵头的加入。

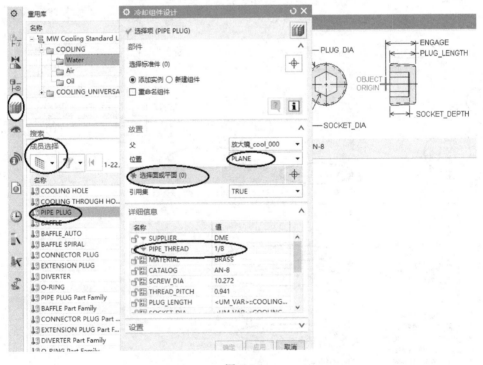

图 2-84

用同样的方法完成各个端面堵头的加入，型腔中的整个冷却系统如图 2-85 所示。

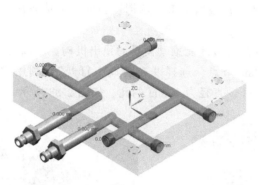

图 2-85

最后使用"腔"命令 ，以冷却系统为工具对型腔及模架的 A 板开腔。完成开腔后将水道全部"抑制"。

2.8　其他标准件的加入及零件修整

1. 加入回程弹簧

在装配导航器中打开模架的动模部分（moldbase 节点/movehalf 节点）。

单击"主要"工具栏中的小图标 ，出现"标准件管理"对话框；再单击资源工具条中的小图标 ，弹出选择框；选项设置如图 2-86 所示，然后点选模架的 B 板底面为弹簧放置面，再单击"确定"按钮，弹出"标准件位置"对话框；分别点选四个回程杆的圆心（每点选一个回程杆圆心后，单击一次对话框中的"应用"按钮），从而在四个回程杆上加

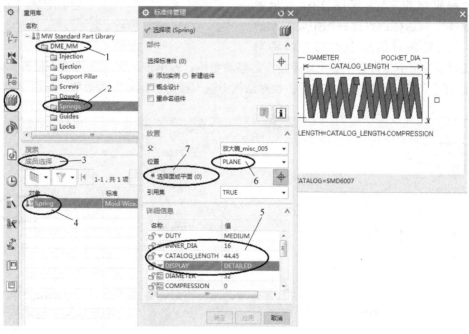

图 2-86

入4根弹簧，如图2-87所示；最后单击"取消"按钮，完成操作。

2. 修改模架底板

注射机顶杆要通过模架底板才能推动模具的顶出机构，所以要在底板打孔。

用鼠标右键单击1_plate节点，选择"在窗口中打开"；利用"孔"命令，在坐标值为（XC=0，YC=0）的地方开设直径为30mm的孔，如图2-88所示。

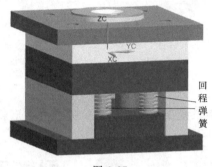

图 2-87

图 2-88

3. 产生模具爆炸图

将整套模具上所具有零件的节点打开，并"抑制"浇注系统、冷却水道等无关模具的部件节点，视窗显示整套模具图形。

单击 菜单(M) ▾ →"装配"→"爆炸图"→"新建爆炸"，出现图2-89所示的对话框，单击对话框中的"确定"按钮。

单击 菜单(M) ▾ →"装配"→"爆炸图"→"编辑爆炸"，出现图2-90所示的"编辑爆炸"对话框；点选视图中要移动的零部件，然后在对话框中点选"移动对象"，此时在视窗中浇口套中心出现带箭头的移动坐标；若单击Z坐标的箭头不松开，则可手动移动到任意位置，也可单击箭头后，在对话框中输入移动"距离"的数值，如图2-91所示。

图 2-89

图 2-90

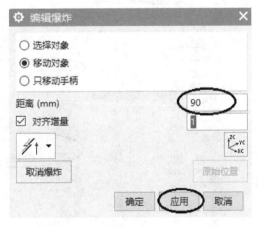

图 2-91

若单击 Z 坐标的箭头后,在"距离"文本框中输入"90",再单击"应用"按钮,此时可见第一次分型的模具部件沿 Z 轴移动了 90mm,如图 2-92 所示。

可按照上述方法,将模具逐步拆开。移动模具各个零件到适当的位置,形成的视图称为爆炸图,如图 2-93 所示。

图 2-92

图 2-93

若要关闭爆炸图,则单击  菜单(M) ▼→"装配"→"爆炸图"→"隐藏爆炸"。

若要打开爆炸图,则单击  菜单(M) ▼→"装配"→"爆炸图"→"显示爆炸"。

2.9   绘制型腔、型芯零件二维工程图

绘制型芯二维工程图。

1. 建立视图

在装配导航器里用鼠标右键单击 comb-core 节点,选择"在窗口中打开",此时视窗中显示型芯零件。

单击"应用模块"选项卡,再单击"制图",进入二维工程图环境。

单击 菜单(M) ▼→"插入"→"图纸页"(或单击视窗上部工具栏中的"新建图纸页" 📄),弹出"工作表"对话框;选项设置如图 2-94 所示,单击"确定"按钮。

单击视窗上部"视图"工具栏中的"基本视图"小图标 📷 ,弹出"基本视图"对话框;在"模型视图"选项组中选择"俯视图",即可在图纸中投影得到型芯零件的俯视图。

使用"投影视图" 📐 、"剖视图" 📊 、"局部放大" 🔍 等命令,构建图 2-95 所示二维视图。

2. 标注尺寸

单击 菜单(M) ▼→"插入"→"尺寸"→"快速"(或直接单击工具栏中的小图标),弹出"快速尺寸"对话框,如图 2-96 所示。

单击"快速尺寸"对话框中的小图标 ,弹出"快速尺寸设置"对话框,可对尺寸的结构、类型、文字大小和内容等项目进行设置。如要标注螺纹直径,则选项设置如图 2-97

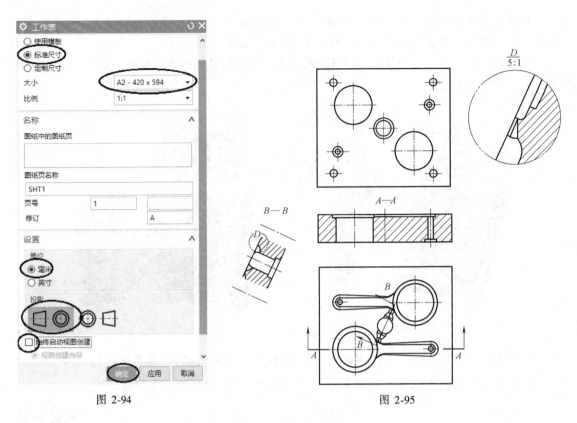

图 2-94   图 2-95

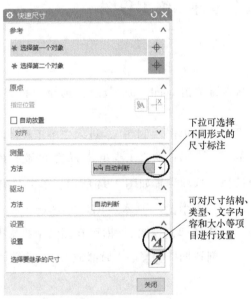

图 2-96

所示，关闭对话框后，则可对螺纹尺寸进行标注。

　　单击 菜单(M) ▼→"插入"→"注释"→"表面粗糙度符号"，弹出"表面粗糙度"对话框；选项设置如图 2-98 所示，随后即可标注零件上的表面粗糙度。

型芯零件最终的二维工程图如图 2-99 所示。

图 2-97

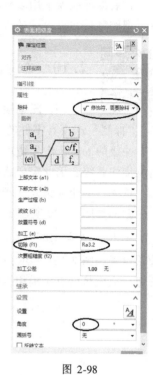

图 2-98

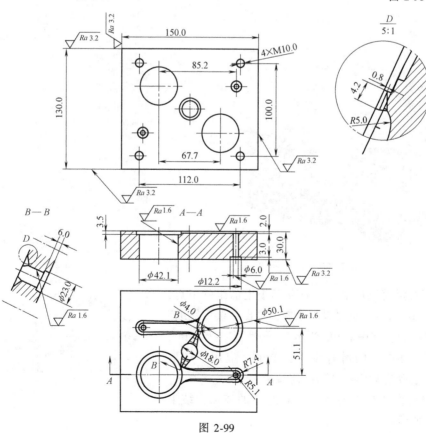

图 2-99

在装配导航器中用鼠标右键单击 comb-cavity 节点，选择"在窗口中打开"，此时视窗中显示型腔零件，以上述的方法绘制型腔零件二维工程图。

2.10 绘制模具二维总装配图

1. 三维模型转换为二维工程图

"抑制"非模具零件的节点，如冷却水道、浇道等；打开模具所有的零部件节点，并将最高一级的 top 节点设置为工作部件。模具俯视图通常要去掉定模部分，以便清楚地展示型腔及浇注系统，因此需要将动、定模组件分别显示。

首先，关闭模架及在动模上的所有组件节点，只显示定模部分的零部件节点，此时视窗中的图形如图 2-100 所示。

单击"模具图纸"工具栏中的"装配图纸"小图标 ▦，弹出"装配图纸"对话框；选项设置如图 2-101 所示，然后框选视窗中的定模组件，单击对话框中的"应用"→"取消"按钮，完成将所有定模组件的属性指派为"A"。

图 2-100

图 2-101

关闭所有定模组件节点，打开动模上的组件节点，结果如图 2-102 所示。重复以上步骤，弹出"装配图纸"对话框，选项设置如图 2-103 所示，"属性值"为"B"，然后框选图 2-102 中的所有零件，单击"应用"→"取消"按钮，将所有动模组件的属性指派为"B"。

打开包括模架在内的所有模具组件的节点，结果如图 2-104 所示。

图 2-102

图 2-103

图 2-104

再单击"模具图纸"工具栏中的"装配图纸"小图标，弹出"装配图纸"对话框；选项设置如图 2-105 所示，最后单击"应用"→"取消"按钮，进入 A0 图纸界面，如图 2-106 所示。

图 2-105

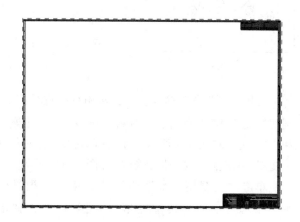

图 2-106

单击"应用模块"选项卡，再单击"制图"，如图 2-107 所示，进入制图模块。

单击"基本视图"小图标，首先添加左视图为基本视图，再投影得到俯视图，如图 2-108 所示。

图 2-107

为了在主视图里反映模具的型芯、型腔、小嵌件、顶杆以及模架特征，剖切位置必须经过导柱、成型零件、顶杆等。

双击俯视图，弹出"设置"对话框；选项设置如图 2-109 所示，然后单击对话框中的"确定"按钮，俯视图中即会显示内部的零件轮廓，如图 2-110 所示。

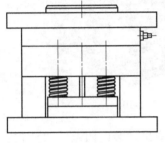

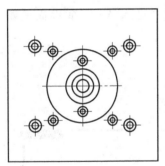

图 2-108

图 2-109

使用"剖视图"命令，对俯视图进行剖切，剖切位置经过模架的导柱、顶杆、成型零件、小嵌件和浇口等，如图 2-111 所示的 A—A 剖切线，投影得到主视图，并删除原主视图，结果 如图 2-111 所示。

单击"注塑模向导"选项卡，单击"模具图纸"工具栏中的"装配图纸"小图标，弹出"装配图纸"对话框；选项设置如图 2-112 所示，最后单击"确定"按钮，俯视图如图 2-113 所示。

双击图 2-113 所示俯视图的边缘，弹出"设置"对话框；选项设置如图 2-114 所示，然后单击"确定"按钮。用同样方法修改图 2-111 所示的主视图，最后得到图 2-115 所示主、俯视图。

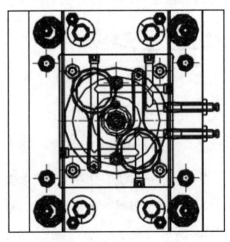

图 2-110

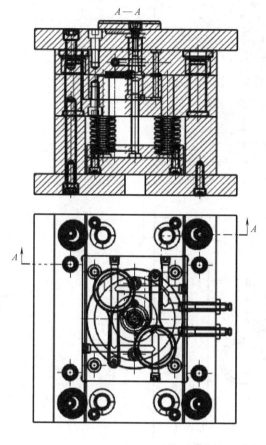

图 2-111

图 2-112

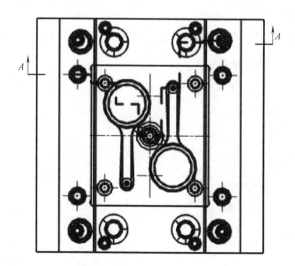

图 2-113

图 2-114

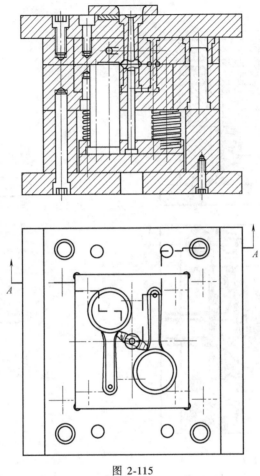

图 2-115

图 2-115 所示的剖视图中，各个零件的剖面线方向及间距都是一样，因此需要修改，使相邻零件的剖面线方向或剖面线间距不一致，修改的方法如下。

双击要修改的剖面线，弹出"剖面线"对话框；按图 2-116 所示修改剖面线"距离"

图 2-116

和"角度"，单击"确定"按钮。另外，螺钉和导柱不需绘制剖面线，可利用右键快捷菜单中的"隐藏"命令隐藏不需要的剖面线，修改后的图形如图 2-117 所示。

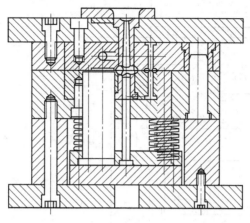

图 2-117

UG NX 制图模块绘制各个不同剖面的二维图还是不太方便，对于较复杂的图形，在生成各向视图后，可转换成 AutoCAD 文件，再利用 AutoCAD 软件修改和标注尺寸。

2. UG NX 二维工程图转换成 AutoCAD 图形文件

在 UG NX 制图模块中绘制二维工程图后，单击主菜单中的"文件"→"导出"→"Auto-CAD DXF/DWG..."，出现图 2-118 所示对话框；在对话框中的"输出 DWG 文件"文本框里输入 AutoCAD 文件要存放的路径，再单击"完成"按钮，稍后若出现对话框，再单击该对话框中的"是"按钮，完成 UG NX 二维工程图转换成 AutoCAD 图形文件。

图 2-118

最后根据国家制图标准及简单、清楚地呈现各个零部件装配关系的表达原则，在 Auto-CAD 软件中将转换的二维工程图绘制成图 2-119 所示的模具二维总装配图。

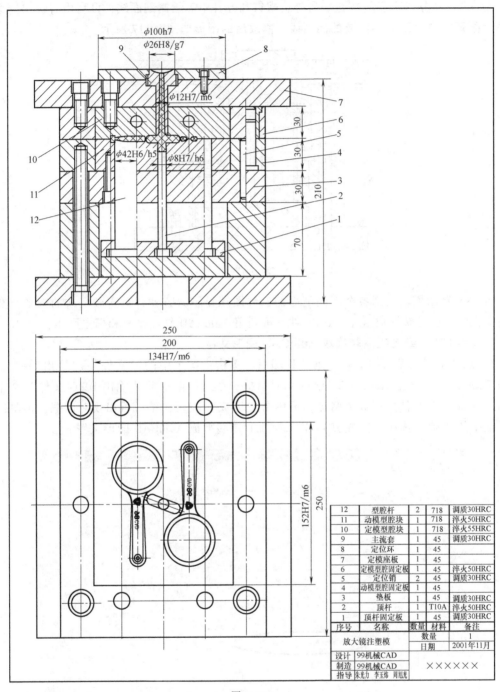

12	型腔杆	2	718	调质30HRC
11	动模型腔块	1	718	淬火50HRC
10	定模型腔块	1	718	淬火55HRC
9	主流套	1	45	调质30HRC
8	定位环	1	45	
7	定模座板	1	45	
6	定模型腔固定板	1	45	淬火50HRC
5	定位销	2	45	调质30HRC
4	动模型腔固定板	1	45	
3	垫板	1	45	调质30HRC
2	顶杆	1	T10A	淬火50HRC
1	顶杆固定板	1	45	调质30HRC
序号	名称	数量	材料	备注

放大镜注塑模	数量	1
	日期	2001年11月
设计 99机械CAD	××××××	
制造 99机械CAD		
指导 朱光力 李玉炜 周旭光		

图 2-119

第3章

一模一腔侧浇口侧抽芯模具设计

3.1 基本思路

图 3-1 所示为注塑成型盖板产品模型及浇注系统。考虑到批量生产过程中的实际情况，产品注塑模具选用大水口模架，一模一腔结构，浇口的形式采用图 3-1 所示的侧浇口，顶出机构采用顶杆，顶杆分布在产品四周。

图 3-1

3.2 模具分型设计

启动 UG NX12.0，出现软件操作界面，在视窗上方工具栏的空白区域单击鼠标右键，弹出右键快捷菜单，如图 3-2 所示，勾选"注塑模向导"，此时在视窗上部的选

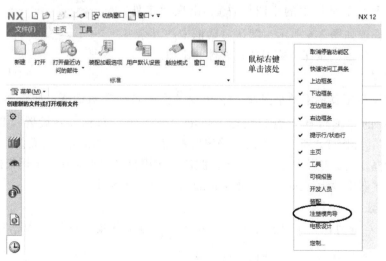

图 3-2

项卡区出现"注塑模向导"。

1. 加载产品

首先创建一个文件夹,命名为"盖板模具",将盖板产品模型文件拷入"盖板模具"文件夹内。

单击"注塑模向导"选项卡中的"初始化项目" 📄,弹出"部件名"对话框;在新建的"盖板模具"文件夹里找到需要加载的盖板产品模型文件并双击,出现图3-3所示对话框;设置"材料"为"ABS","收缩"的数值根据所选材料自动默认为"1.006",然后单击"确定"按钮,视窗中出现图3-4所示图形。

图 3-3

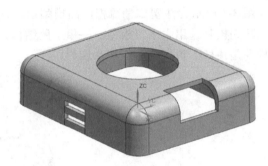

图 3-4

2. 定义模具坐标系

单击"主要"工具栏中的小图标 ⭿,出现图3-5所示对话框;点选"更改产品位置"中的"选定面的中心"选项,"选择对象"为底平面,然后勾选对话框中的"锁定 Z 位置"选项,单击"确定"按钮,完成模具坐标系的设定。

3. 定义成型镶件

单击"主要"工具栏中的小图标 ◈,出现"工件"对话框;选项设置如图3-6所示,默认对话框中的其余各项参数,单击"确定"按钮,完成成型镶件的添加。

图 3-5

4. 定义腔体

单击"主要"工具栏中的小图标 🔲,出现"型腔布局"对话框,如图3-7所示。单击"编辑布局"中的"编辑插入腔"图标,弹出"插入腔"对话框;设置"R"为"10","type"为"2",如图3-8所示,单击"确定"按钮,生成图3-9所示的腔体。单击"关闭"按钮退出对话框,完成腔体的设定。注意:腔体的作用只是用来对动、定模板进行开腔。

在装配导航器中关闭 misc 节点下的 pocket 节点,隐藏腔体。

5. 模具分型

1) 单击"分型刀具"工具栏中的小图标 🔼,弹出"检查区域"对话框;如图3-10所示,单击"计算"图标 📊,完成区域的计算。

图 3-6

图 3-7

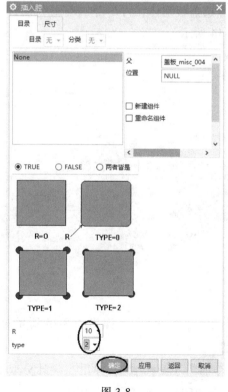

图 3-8

图 3-9

　　单击"区域"选项卡，出现图 3-11 所示对话框；单击"设置区域颜色"图标，此时，在视窗中的产品模型分成橙、蓝、青三种颜色，橙色面代表型腔区域（凹模区域），蓝色面代表型芯区域（凸模区域）；将左侧的两个小方孔的面（未定义区域）全部选定为型腔区域，最后单击"确定"按钮，完成区域定义，结果如图3-12所示。

图 3-10　　　　　　图 3-11　　　　　　　　　　图 3-12

2）单击"分型刀具"工具栏中的"曲面补片"小图标◇，弹出"边补片"对话框；如图3-13所示，"类型"下拉选择"体"，然后点选盖板实体，再单击"确定"按钮，完成盖板上圆孔、弧面孔及侧孔的补片，结果如图3-14所示。

图 3-13　　　　　　　　　　　　　　　图 3-14

3）单击"分型刀具"工具栏中的"定义区域"小图标，弹出图3-15所示对话框；勾选"设置"中的两个选项，单击"确定"按钮。

4）单击"分型刀具"工具栏中的"设计分型面"小图标，弹出"设计分型面"对话框；单击对话框中的"确定"按钮，出现分型面的图形，如图3-16所示。

5）单击"分型刀具"工具栏中的"定义型腔和型芯"小图标，弹出"定义型腔和型芯"对话框；选项设置如图3-17所示，再单击"确定"→"确定"→"确定"按钮，完成型芯、型腔的创建。

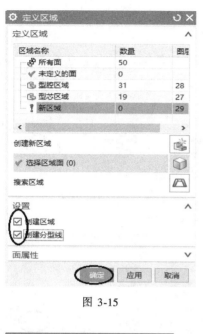

图 3-15

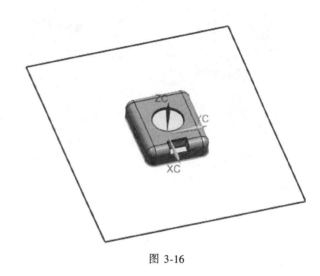

图 3-16

图 3-17

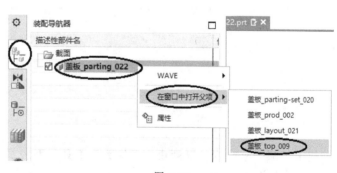

图 3-18

打开装配导航器，用鼠标右键单击图 3-18 所示的 parting 节点，选择 top 节点，此时视窗图形如图 3-19 所示。

打开 layout 节点下面的 prod 节点，可见很多文件。关闭所有的节点，分别打开 core 节点和 cavity 节点，查看分型后的型芯及型腔图形，分别如图 3-20、图 3-21 所示。单击菜单条中的"文件"→"全部保存"，保存所有的文件。

6. 侧向滑块头设计

用鼠标右键单击 cavity 节点，在快捷菜单中选择"在窗口中打开"，视窗中单独显示型腔，如图 3-22 所示；然后使用"拉伸"命令在图 3-22 所示侧面绘制图 3-23 所示草图，完成草图后回到"拉伸"对话框，选项设置如图 3-24 所示，

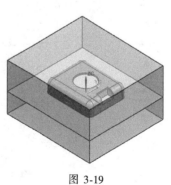

图 3-19

最后单击"确定"按钮。

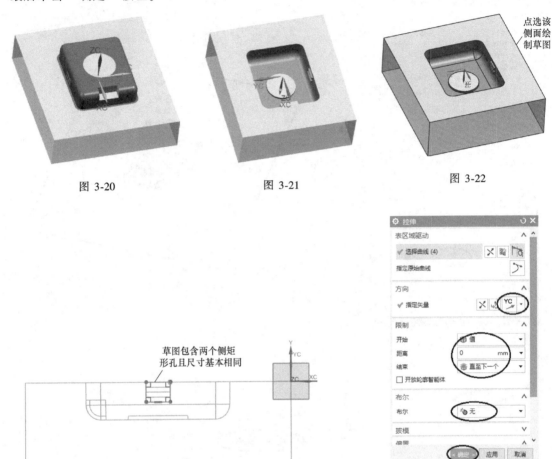

图 3-20　　　　　　　　图 3-21　　　　　　　　图 3-22

图 3-23　　　　　　　　图 3-24

使用"减去"命令,以创建的滑块头为工具对型腔零件进行"求差"操作,如图 3-25 所示,结果如图 3-26 所示。

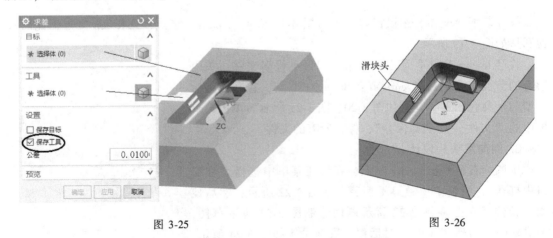

图 3-25　　　　　　　　图 3-26

3.3　加入标准件

1) 加载标准模架。单击"主要"工具栏中的小图标██，弹出"模架库"对话框；再单击资源工具条中的小图标██，弹出选择框；选项设置如图 3-27 所示，然后单击"确定"按钮，稍后完成标准模架的装载，出现图 3-28 所示图形。

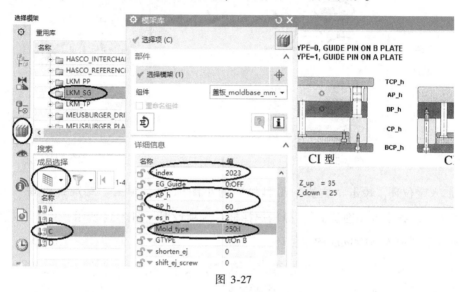

图 3-27

打开 pocket 节点，使用"腔"命令，完成模架 A 板、B 板的开腔操作，再将 pocket 节点"抑制"。

另外，由于产品一边有侧抽芯机构，为了平衡模架，模架中心与注塑中心需偏置 10mm。

在装配导航器中，用鼠标右键单击 moldbase 节点，出现图 3-29 所示右键快捷菜单，选

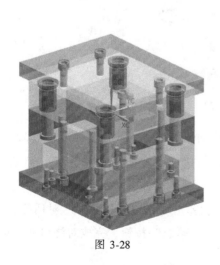

图 3-28

图 3-29

择"移动",弹出"移动组件"对话框;选项设置如图 3-30 所示,单击"确定"按钮,使整套模架沿-Y 轴移动 10mm,结果如图 3-31 所示。

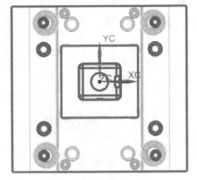

图 3-30   图 3-31

2)加入定位环。单击"主要"工具栏中的小图标 ,弹出"标准件管理"对话框;再单击资源工具条中的小图标 ,弹出选择框;选项设置如图 3-32 所示,单击"确定"按钮,在模架顶部加入 ϕ100mm 的定位环。

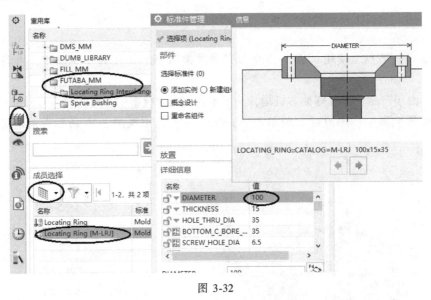

图 3-32

3)加入浇口套。单击"主要"工具栏中的小图标 ,弹出"标准件管理"对话框;再单击资源工具条中的小图标 ,弹出选择框;选项设置如图 3-33 所示,然后单击"确定"按钮,在模架的上面加入浇口套。

单击"注塑模工具"工具栏中的小图标 ,弹出"修边模具组件"对话框;选项设置如图 3-34 所示,然后点选浇口套为目标体,单击"确定"按钮,完成对浇口套长度的修剪。

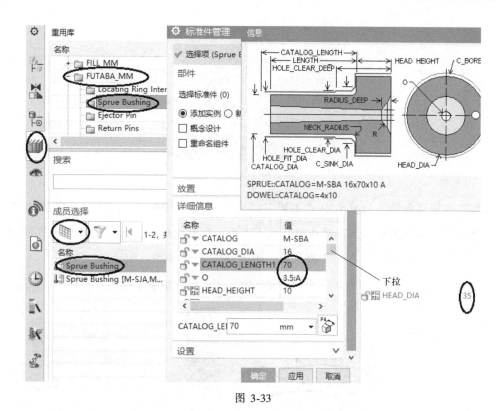

图 3-33

以定位环、浇口套为工具对模架及型腔进行开腔，结果如图 3-35 所示。

图 3-34

图 3-35

3.4　创建侧抽芯组件

1. 加入侧滑块组件

关闭模架的定模部分，将坐标系移动到侧滑块端面底边的中点。注意：Y 轴指向型腔，如图 3-36 所示。

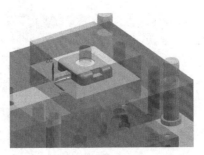

图 3-36

单击"主塑模向导"选项卡中"主要"工具栏中的小图标，弹出"滑块和浮升销设计"对话框；再单击资源工具条中的小图标，弹出选择框；选项设置如图 3-37 所示，然后单击"确定"按钮，加入一个侧滑块，图形如图 3-38 所示。

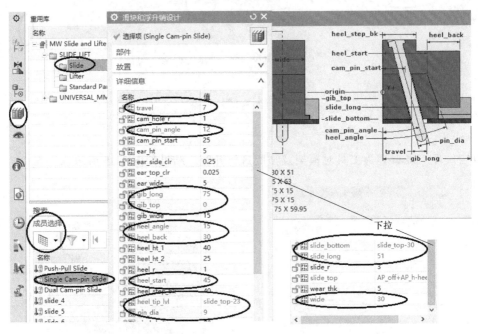

图 3-37

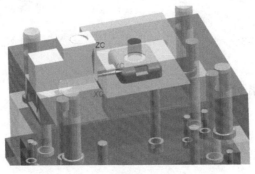

图 3-38

使用 菜单(M) ▾→ "格式"→"WCS"→"WCS 设为绝对" 命令，将坐标系原点移动至最初位置。

使用 "开腔" 命令，以加入的侧滑块组件为工具对模架进行开腔。

2. 加入滑块侧滑动定位螺钉

单击 "标准件库" 图标 ，在弹出的 "标准件管理" 对话框中进行图 3-39 所示选项设置，然后点选滑块滑动垫板的表面，单击 "确定" 按钮；在弹出的 "标准件位置" 对话框中输入点坐标（0，−112），如图 3-40 所示，单击 "确定" 按钮，完成定位螺钉的加入，结果如图 3-41 所示。

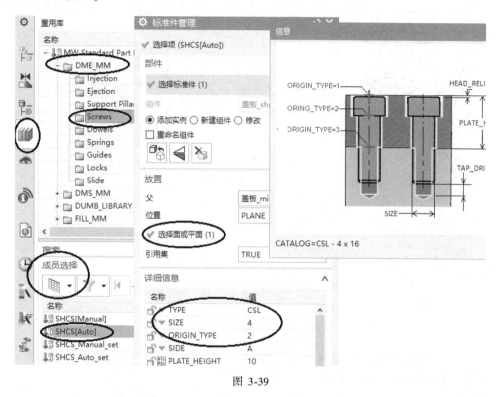

图 3-39

图 3-40

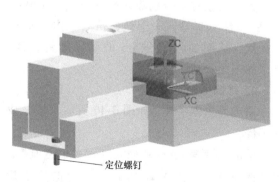

图 3-41

3. 加入滑块组件与模架间的紧固螺钉

1）加入导轨与 B 板间的紧固螺钉。单击"标准件库"图标 🔲，"标准件管理"对话框中的选项设置如图 3-42 所示，然后点选滑块导轨的上平面为安装平面，单击对话框中的"确定"按钮，弹出"标准件位置"对话框；分别输入 4 个绝对坐标点（25，-63）、（-25，-63）、（25，-110）、（-25，-110），注意每输入一个坐标值后单击"应用"按钮一次，最后单击"确定"按钮，加入 4 个 M4 的紧固螺钉。以定位螺钉、紧固螺钉为工具在导轨上开腔后，结果如图 3-43 所示。

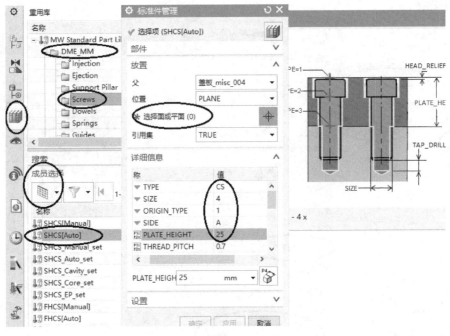

图 3-42

2）加入锁紧块与定模 A 板间的紧固螺钉。以同样的方法添加螺钉，"标准件管理"对话框中的选项设置如图 3-44 所示，然后点选定模 A 板的上平面为安装平面，单击"确定"按钮后，弹出"标准件位置"对话框；分别输入坐标（0，-100），（0，-118），注意每输入一个坐标值后单击"应用"按钮一次，从而加入 2 个 M5 的紧固螺钉。开腔后，结果如图 3-45 所示。

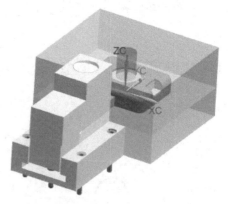

图 3-43

4. 链接侧抽芯滑块头

双击滑块体零件，如图 3-46 所示，使之成为工作部件。

单击 🗐 菜单(M) ▾→"插入"→"关联复制"→"WAVE 几何链接器"，弹出图 3-47 所示对话框；选项设置如图 3-47 所示，然后点选滑块头，单击"确定"按钮。再单击"合并" 🔲 合并，将滑块体和滑块头合成一个实体，结果如图 3-48 所示。

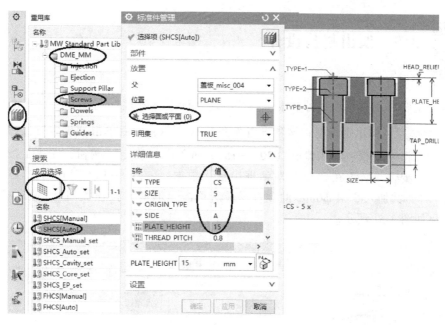

图 3-44

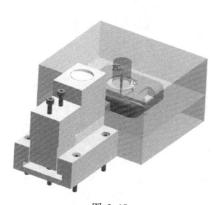

图 3-45

图 3-46

图 3-47

图 3-48

3.5 顶出机构设计

1. 添加顶杆

单击"主要"工具栏中的小图标![]，出现"标准件管理"对话框；再单击资源工具条中的小图标![]，弹出选择框；选项设置如图3-49所示，然后单击"确定"按钮，弹出图3-50所示"点"对话框；输入坐标（20，-15），再单击"确定"按钮，完成1根顶杆的加入；重复以上步骤，继续在"点"对话框中输入数据（-20，-15）、（-20，15）、（20，15）、（0，0），共加入5根φ6mm的顶杆；最后单击"取消"按钮关闭"标准件管理"对话框，结果如图3-51所示。

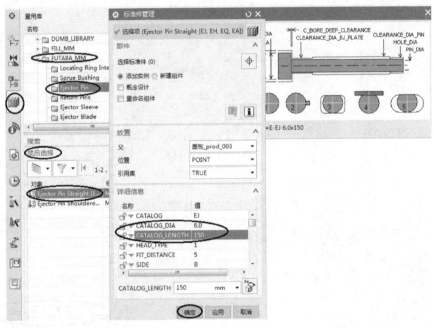

图 3-49

图 3-50

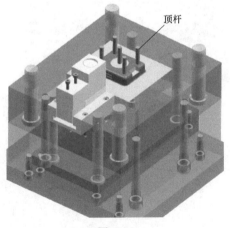

图 3-51

2. 修剪顶杆

单击"主要"工具栏中的小图标 ，出现"顶杆后处理"对话框；选项设置如图 3-52 所示，然后点选对话框中的 5 根顶杆，再单击对话框中的"确定"按钮，顶杆全部被型芯修剪至合适的长度，如图 3-53 所示。

图 3-52

图 3-53

3. 中心顶杆修改为拉料杆

由于中心顶杆要起到拉出主浇道凝料的作用，所以需进行如下修改。

单击"主要"工具栏中的小图标 ，出现"标准件管理"对话框；单击对话框中的"选择标准件"，然后点选中心顶杆，在对话框中修改"FIT_DISTANCE"（顶杆与孔的配合长度）的数值为"15"，如图 3-54 所示，最后单击对话框中的"确定"按钮。

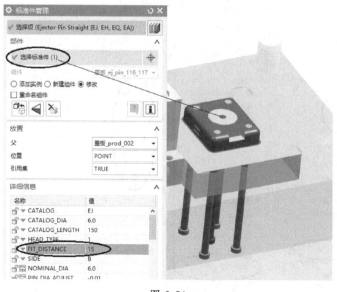

图 3-54

用鼠标右键单击中心顶杆，选择"在窗口中打开"。使用"在任务环境中绘制草图"命令，绘制图 3-55 所示草图，再使用"拉伸"命令，将曲线拉伸成片体，再以片体为工具对拉杆进行修剪，结果如图 3-56 所示。

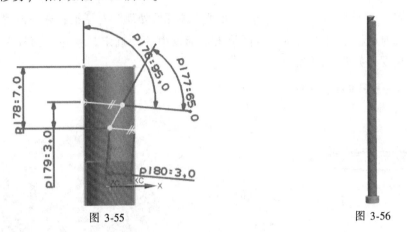

图 3-55　　　　　　　　　　　　　　图 3-56

3.6　浇注系统设计

1. 浇口设计

关闭所有的零部件节点，然后打开型芯节点。

单击"主要"工具栏中的小图标，弹出"设计填充"对话框；再单击资源工具条中的小图标，弹出选择框；选项设置如图 3-57 所示，单击对话框中的"选择对象"后，点

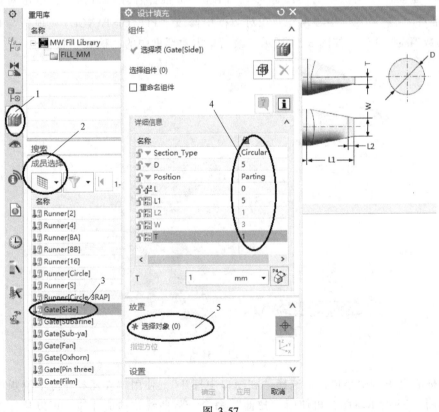

图 3-57

选型腔零件孔圆周线上放置浇口的位置点（注意使用"象限点"  捕捉浇口位置点），出现图 3-58 所示图形；再单击图 3-58 中动态坐标绕 XC 轴的旋转点，输入图 3-59 所示数值，将浇口旋转 180°；单击"设计填充"对话框中的"应用"按钮，完成一个浇口的加入。在"设计填充"对话框中单击"指定点"，再使用"象限点"，捕捉，点选圆周线上另一个象限点，出现图 3-60 所示图形；单击动态坐标旋转点，使之绕 ZC 轴旋转 180°，再绕 XC 轴旋转 180°，如图 3-61 所示；最后单击对话框中的"确定"按钮，完成浇口的加入。

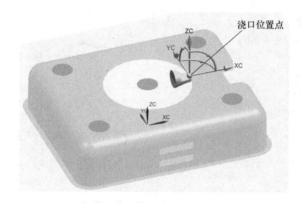

图 3-58

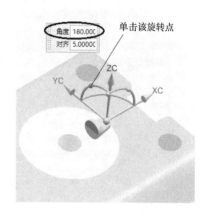

图 3-59

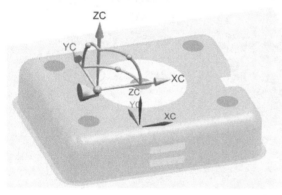

图 3-60

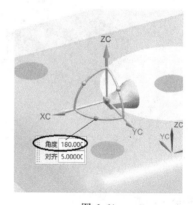

图 3-61

若在图中只看到一个浇口，在装配导航器中勾选 fill 节点，即可看到两个浇口，如图 3-62 所示。

2. 添加流道

首先，将 fill 节点设为工作部件，然后单击"主要"工具栏中的小图标 ，打开"流道"对话框；单击该对话框中的"绘制截面"图标 ，选浇口顶面为绘图面，绘制图 3-63 所示草图，完成草图后回到"流道"对话框；选项设置如图 3-64 所示，单击"确定"按钮，完成流道的创建，如图 3-65 所示。

图 3-62

以浇注系统为工具对型芯、型腔及浇口套零件进行开腔（注意："开腔"对话框中的"工具类型"选择"实体"，如图3-66所示），然后将浇注系统"抑制"。

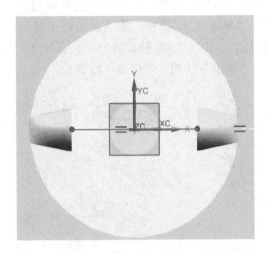

图 3-63

图 3-64

图 3-65

图 3-66

3.7 添加紧固螺钉

1. 添加型腔与 A 板间的紧固螺钉

打开 A 板及型腔零件节点，并关闭其他部件节点。

单击"主要"工具栏中的小图标 ，弹出"标准件管理"对话框；再单击资源工具条中的小图标 ，弹出选择框；选项设置如图3-67所示，然后点选 A 板的顶面，再单击对话框中的"确定"按钮，弹出"标准件位置"对话框；输入图3-68所示数值，单击"应用"按钮，在视窗中 A 板顶面点（45，40）处添加了螺钉；重复以上步骤，在（-45，40）、（-45，-40）、（45，-40）坐标位置也加入螺钉。最后以螺钉为工具对 A 板与型腔零件进行开腔，可清晰展现4个紧固螺钉的位置，如图3-69所示。

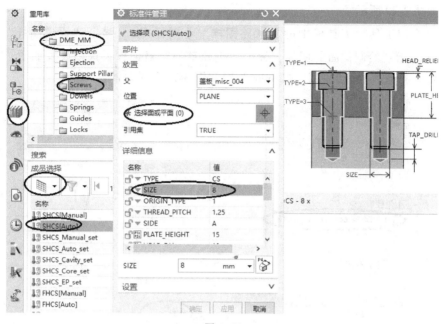

图 3-67

图 3-68

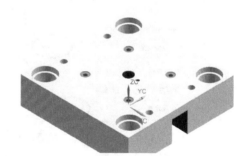

图 3-69

2. 添加型芯与 B 板间的紧固螺钉

以同样的方法添加 4 个 M8 的螺钉，将型芯零件紧固在 B 板上。注意：在设置"标准件管理"对话框中的参数时，将"PLATE_HEIGHT"的值改为"30"。

3. 修改模架底板

由于注射机顶杆通过模架底板才能推动模具的顶出机构，所以要在底板上打孔。

将 l_plate 节点设置为工作部件，利用"孔"命令在底板中心开设直径为 30mm 的孔。

3.8 冷却系统设计

1. 定模冷却系统设计

1）水道的建立。打开型芯、型腔零件节点，将装配导航器中的 cool_side_a 节点设为工作部件，如图 3-70 所示。

单击 "冷却工具" 工具栏中的 "水路图样" 小图标 ，弹出 "通道图样" 对话框；单击图 3-71 所示 "绘制截面" 图标，弹出 "创建草图" 对话框；选项设置如图 3-72 所示，单击 "确定" 按钮，在分型面上方 26mm 处绘制图 3-73 所示草图。

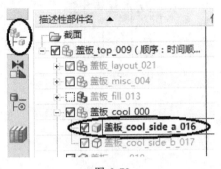

图 3-70

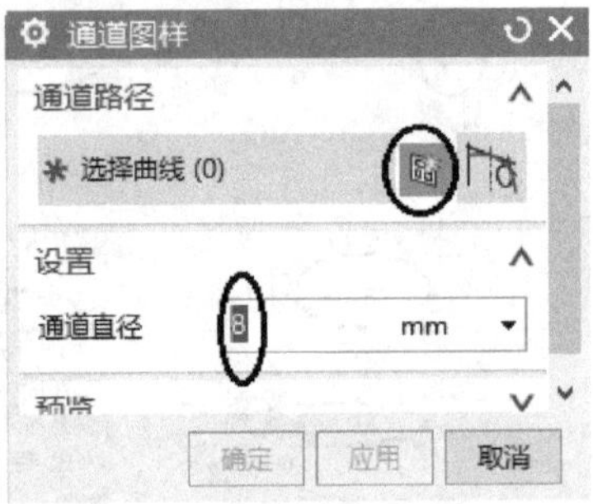

图 3-71

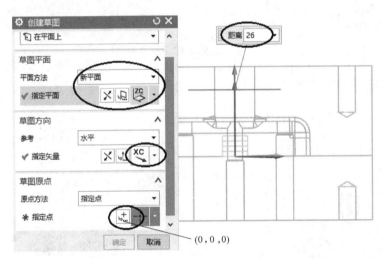

(0, 0, 0)

图 3-72

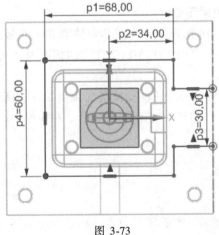

图 3-73

完成草图后，单击对话框中的"确定"按钮，完成水道的创建，如图 3-74 所示。

使用"冷却工具"工具栏中的"延伸水路"小图标 ✎ ，将水道修改成图 3-75 所示形式。

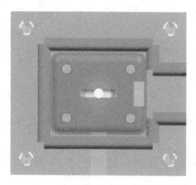

图 3-74

图 3-75

2）加入管接头。在装配导航器中双击 cool 节点，将其设置为工作部件。

单击"冷却工具"工具栏中的小图标 ，弹出"冷却组件设计"对话框；再单击资源工具条中的小图标 ，弹出选择框；选项设置如图 3-76 所示，然后点选图 3-77 所示安装平面，再单击对话框中的"确定"按钮，弹出"标准件位置"对话框；分别点选进、出水道的圆心（每点选一次圆心需单击一次对话框中的"应用"按钮），然后单击"取消"按钮，完成进、出水道管接头的加入，如图 3-77 所示。

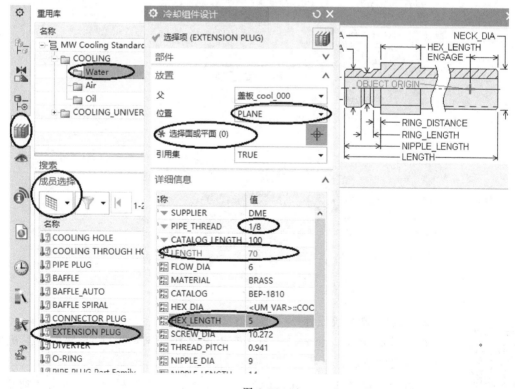

图 3-76

3）加入堵头。单击"冷却工具"工具栏中的小图标 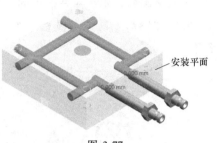，弹出"冷却组件设计"对话框；再单击资源工具条中的小图标 ，弹出选择框；选项设置如图 3-78 所示，然后点选具有水道口的一个端面，再单击对话框中的"应用"按钮，弹出"标准件位置"对话框；点选端面上水道口圆心，再单击"应用"按钮，加入一个堵头，若另一个堵头在同一端面上，则继续点选另一个水道口圆心，再单击"应用"按钮，加入另一个堵头；最后单击"取消"按钮，退出对话框，完成一个端面上水口堵头的加入。

图 3-77

按上述步骤完成各个端面上堵头的加入。完整的定模冷却系统如图 3-79 所示。

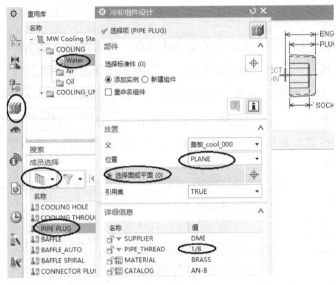

图 3-78

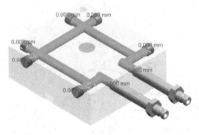

图 3-79

2. 动模冷却系统设计

1）水道的建立。将 cool_side_b 节点设置为工作部件。打开型芯零件节点，关闭其他组件节点。

单击"冷却工具"工具栏中的"水路图样"小图标 ，弹出"通道图样"对话框；单击对话框中的"绘制截面"图标（图 3-71），弹出"创建草图"对话框；在分型面下方 12mm 处绘制草图，对话框选项设置如图 3-80 所示，单击"确定"按钮，绘制图 3-81 所示草图。

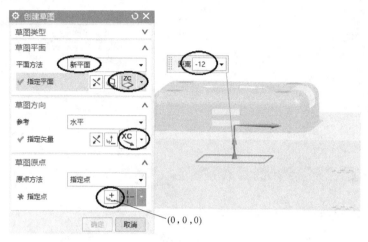

图 3-80

完成草图后回到"通道图样"对话框，单击"确定"按钮，完成图 3-82 所示水道的创建。

使用"冷却工具"工具栏中的"延伸水路"小图标，将水道修改成图 3-83 所示形式。

打开模架 B 板节点，再单击"冷却工具"工具栏中的"水路图样"小图标，在基准面下方 35mm 处绘制图 3-84 所示草图，最终生成图 3-85 所示水道。

单击"冷却工具"工具栏中的"连接水路"小图标，弹出"连接水路"对话框；如图 3-86 所示，将 B

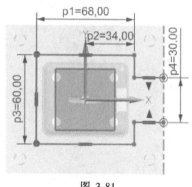

图 3-81

板中的水道作为"第一个通道"，型芯中的水道作为"第二个通道"，使水道相连，结果如图 3-87 所示。

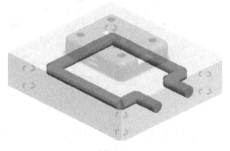

图 3-82

图 3-83

使用"冷却工具"工具栏中的"延伸水路"小图标，将 B 板中的两条水道修改成图 3-88 所示形式。

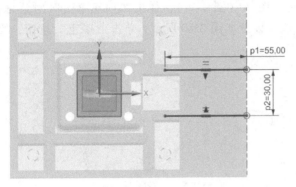

图 3-84　　　　　　　　　　　　　　　　　　图 3-85

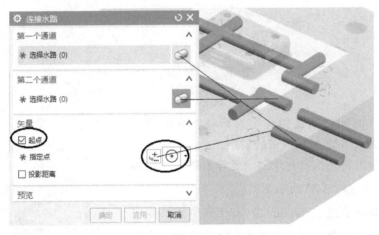

图 3-86

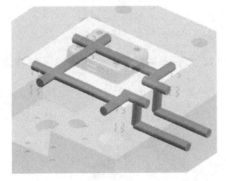

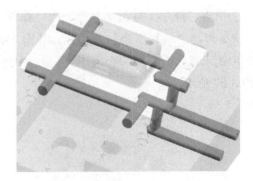

图 3-87　　　　　　　　　　　　　　　　　图 3-88

2）加入密封圈。将 cool 节点设置为工作部件。

单击"冷却工具"工具栏中的小图标 ⊟，弹出"冷却组件设计"对话框；再单击资源工具条中的小图标 ，弹出选择框；选项设置如图 3-89 所示，然后点选型芯与 B 板的接触平面，出现"标准件位置"对话框；捕捉连接管的中心点，单击"应用"按钮，将密封圈加入，结果如图 3-90 所示。

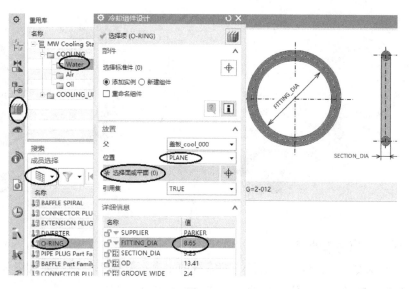

图 3-89

3）加入动模的水管接头。打开 B 板节点，单击 "冷却工具" 工具栏中的小图标 昌，弹出 "冷却组件设计" 对话框；再单击资源工具条中的小图标 ，弹出选择框；选项设置如图 3-91 所示，然后点选 B 板的水道口面，单击 "确定" 按钮，出现 "标准件位置" 对话框；捕捉水道口的圆心，单击 "应用" 按钮，将管接头加入，结果如图 3-92 所示。

4）加入动模水道的堵头。方法同定模水道的堵头加入，结果如图 3-93 所示。

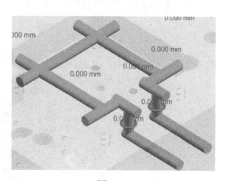

图 3-90

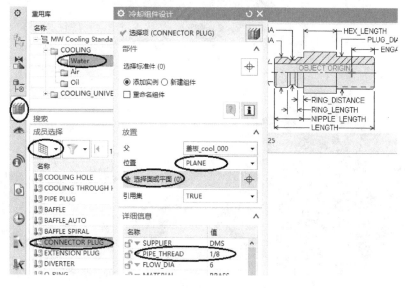

图 3-91

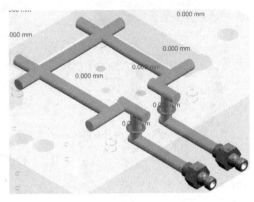

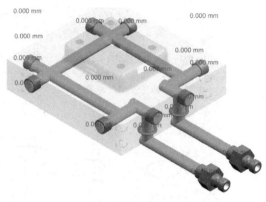

图 3-92

图 3-93

3. 冷却系统在模具上开腔

使用"腔"命令 ，以动、定模冷却系统的水道、管接头、密封环及堵头为工具对型芯、型腔、A 板、B 板开腔。然后将动、定模冷却水道"抑制"。

模具整体的三维图形如图 3-94 所示，动模、定模的结构如图 3-95 所示。

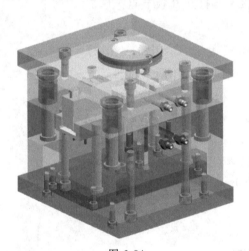

图 3-94

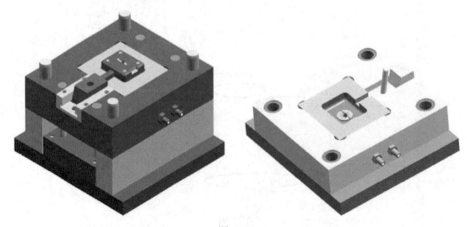

图 3-95

第4章

一模四腔点浇口侧抽芯模具设计

4.1 基本思路

注塑成型肥皂盒产品模型及浇注系统如图 4-1 所示，产品成型模具采用一模四腔小水口模架。

图 4-1

4.2 模具分型设计

1. 加载产品

首先建一个文件夹，命名为"肥皂盒模具"，将肥皂盒产品模型文件拷入"肥皂盒模具"文件夹内。

单击"注塑模向导"选项卡中的小图标 🗋，弹出"部件名"对话框；从新建的"肥皂盒模具"文件夹里找到需要加载的产品模型文件"肥皂盒 . prt"并打开，出现图 4-2 所示对话框，在对话框中设置"材料"为"PC+10%GF"，"收缩"的数值根据所选材料自动默认为"1.0035"，然后单击"确定"按钮，视窗中出现图 4-3 所示产品模型图形。

2. 定义模具坐标系

使用命令 📍 旋转(R)，将工件坐标系绕 XC 轴旋转 180°，如图 4-4 所示。

单击"主要"工具栏中的小图标 📍，弹出"模具坐标系"对话框；选项设置如图 4-5 所示，单击"确定"按钮，完成模具坐标系的确定。

图 4-2

图 4-3

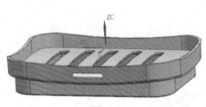

图 4-4

图 4-5

3. 定义成型镶件（模仁）

单击"主要"工具栏中的小图标，弹出"工件"对话框；由于是一模四腔，应适当加高模仁的厚度，设置"开始距离"为"–60"，"结束距离"为"30"，另外，为缩短浇注系统流道的长度，将模仁在 YC 轴负方向的侧边尺寸改为"12.563"（具体操作为：单击目标尺寸→单击尺寸框→选择"设为常量"，即可修改尺寸框中的尺寸，如图 4-6 所示），单击对话框中的"确定"按钮，出现图 4-7 所示图形。

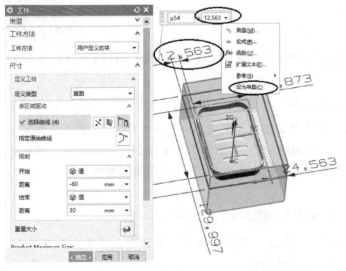

图 4-6

图 4-7

4. 多型腔布局

单击"主要"工具栏中的小图标 ⌊Π⌋，出现"型腔布局"对话框；将"指定"矢量设置为"-YC"方向，输入数据如图 4-8 所示。

单击对话框中的"开始布局"图标。

单击对话框中的"编辑插入腔"图标，弹出"插入腔"对话框；设置"R"为 10，"type"为"2"，单击"确定"按钮，回到"型腔布局"对话框。单击对话框中的"自动对准中心"图标，单击"关闭"按钮，完成一模四腔的布局操作。结果如图 4-9 所示。

另外，记住原始腔在+YC 轴和-XC 轴方向。

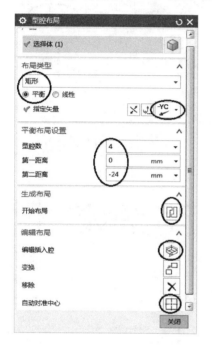

图 4-8

图 4-9

5. 分型设计

（1）为产品表面指派区域　单击"分型刀具"工具栏中的小图标 ⌂，弹出"检查区域"对话框；如图 4-10 所示，单击"计算"图标 ▤，再选择"面"选项卡，出现图 4-11 所示对话框；勾选图 4-11 所示选项，单击"设置所有面的颜色"图标 ▧，此时产品颜色如图 4-12 所示，灰色的面表示该面的拔模斜度为零。

单击 ☰ 菜单(M) ▾ →"插入"→"细节特征"→"拔模"，将四周围面拔模 0.5°。

单击小图标 ⌂，弹出"检查区域"对话框；在"计算"选项卡中单击"计算"，再选择"区域"选项卡，对话框如图 4-13 所示；单击"设置区域颜色"图标 ▧，这时产品模型呈现不同颜色，先勾选对话框中的"交叉竖直面"和"未知的面"，再选侧向孔橙色的侧面，将它们指派到"型芯区域"，然后单击"应用"按钮，此时模型只呈现橙、蓝两种颜色。

图 4-10

图 4-11

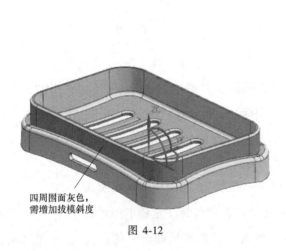

四周围面灰色，
需增加拔模斜度

图 4-12

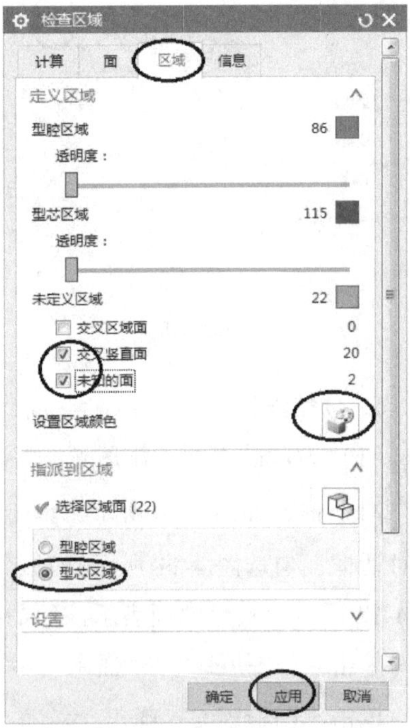

图 4-13

（2）修补产品碰穿孔　单击"分型刀具"工具栏中的小图标 ◈ ，弹出"边补片"对话框；选项设置如图 4-14 所示，然后点选肥皂盒图形，单击对话框中的"确定"按钮，完成产品所有孔的修补。

（3）获取分型线　单击"分型刀具"工具栏中的小图标 ⚗，出现"定义区域"对话框；选项设置如图 4-15 所示，单击对话框中的"确定"按钮。在分型导航器中关闭除了分型线之外的其他节点，结果如图 4-16 所示。

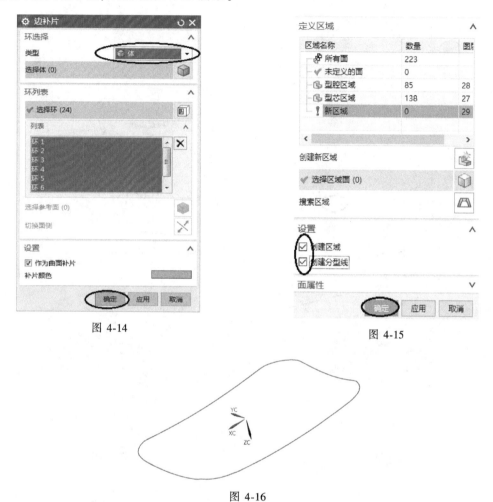

图 4-14

图 4-15

图 4-16

（4）创建分型面　单击"分型刀具"工具栏中的小图标 🗺，出现"设计分型面"对话框。如图 4-17 所示，单击对话框中的"选择过渡曲线"图标，再在图形窗口点选分型线的 4 段拐角过滤线，如图 4-18 所示，然后单击对话框中的"应用"按钮；接着对另外 4 个长线段分别沿-XC、-YC、XC、YC 方向拉伸，完成分型面的创建，结果如图 4-19 所示。注意：分型面要足够大，以穿透工件线框。

（5）创建型芯、型腔　单击"分型刀具"工具栏中的小图标 🗺，在打开的对话框中选择"所有区域"，然后单击"确定"→"确定"→"确定"按钮，完成型芯、型腔的创建。视窗中的图形如图 4-20 所示。

用鼠标右键单击装配导航器中的 parting 节点，选择"在窗口中打开父项"→top 节点，打开总目录。这时候关闭所有其他节点，只打开 layout 节点下的 core 节点，并使图形处于 top 视图和着色状态，此时图形如图 4-21 所示，若只打开 cavity 节点，图形如图 4-22 所示。

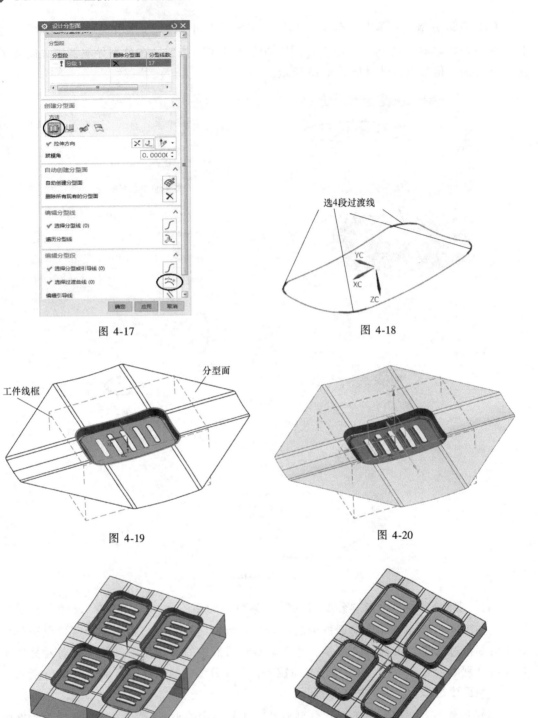

图 4-17

图 4-18

选4段过渡线

工件线框

分型面

图 4-19

图 4-20

图 4-21

图 4-22

（6）制作侧型芯　用鼠标右键单击型芯节点，选择"在窗口中打开"。使用"拉伸"命令，在需要侧抽芯的面画草图，可直接使用"投影曲线"命令，将产品侧面长条形孔投影得到草图，如图 4-23 所示。

　　完成草图后，"拉伸"对话框中的参数设置如图 4-24 所示，单击"确定"按钮，将草图拉伸到内部，呈凸起的长条键形。

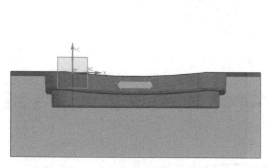

图 4-23

图 4-24

　　使用 菜单(M) ▼ →"插入"→"组合"→"减去"命令，出现"求差"对话框；选项设置如图 4-25 所示，"目标"是型芯零件，"工具"是拉伸体，完成后若隐藏型芯即可看到侧型芯。图 4-26 所示为放大了的侧型芯。

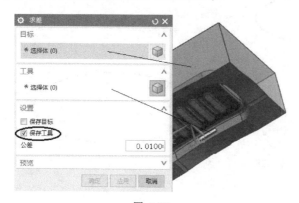

图 4-25

图 4-26

4.3　创建侧抽芯组件

1. 加入滑块

　　首先将坐标系移动到原始单型腔的侧向型芯位置，并旋转坐标系使 YC 方向指向内部，如图 4-27 所示。

　　单击"主要"工具栏中的小图标 ，弹出"滑块和浮升销设计"对话框；再单击资源工具条中的小图标，弹出选择框；选项设置如图 4-28 所示，然后单击"确定"按钮，在四个型芯中都加入侧抽芯组件。再将坐标系设置为绝对坐标系，如图 4-29 所示。

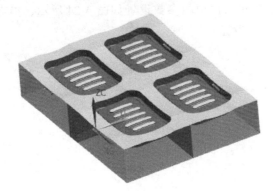

图 4-27

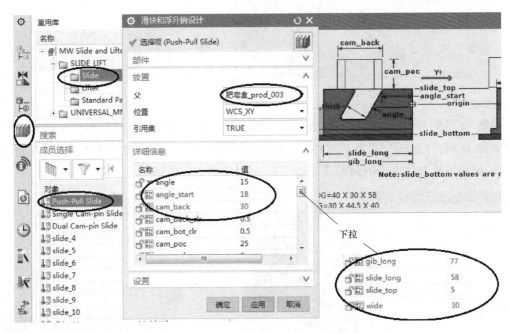

图 4-28

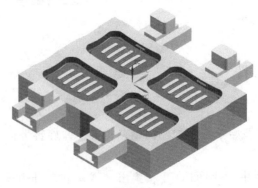

图 4-29

2. 将滑块与侧型芯合成一体

将滑块组件里的滑块体（sld 节点下的 bdy 节点）设为工作部件。单击 菜单(M) ▾ →
"插入"→"关联复制"→"WAVE 几何链接器"，弹出 "WAVE 几何链接器" 对话框；选项设
置如图 4-30 所示，然后点选侧型芯（要选亮显的型芯），单击"确定"按钮。再使用"合
并"命令，将滑块体与侧型芯合成一体，如图 4-31 所示。

图 4-30

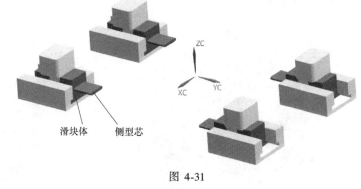

图 4-31

4.4　加入标准件

1. 加载标准模架

单击"主要"工具栏中的小图标 ，弹出 "模架库" 对话框；再单击资源工具条中的
小图标 ，弹出选择框；选项设置如图 4-32 所示，然后单击 "确定" 按钮，稍后完成标准
模架的装载。

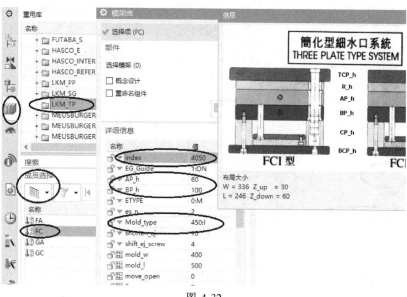

图 4-32

若需将模架旋转 90°，单击"主要"工具栏中的小图标▤，弹出"模架库"对话框；单击"旋转模架"图标⊞），再单击"取消"按钮退出对话框，完成模架的旋转。最终结果如图 4-33 所示。

使用"腔"命令▧，以成型镶件为工具对模架 A 板、B 板进行开腔操作，再将 pocket 节点"抑制"。

使用"腔"命令▧，以侧抽芯滑块组件为工具对模架 A 板、B 板进行开腔操作。隐藏定模，动模部分如图 4-34 所示。

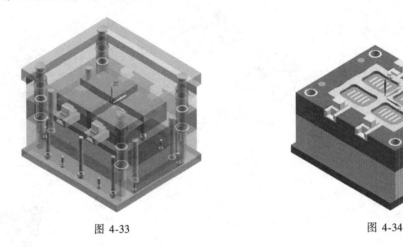

图 4-33   图 4-34

2. 加入定位环

单击"主要"工具栏中的小图标▤，弹出"标准件管理"对话框；再单击资源工具条中的小图标▥，弹出选择框；选项设置如图 4-35 所示，然后单击"确定"按钮，在模架顶部加入了 ϕ120mm 的定位环。

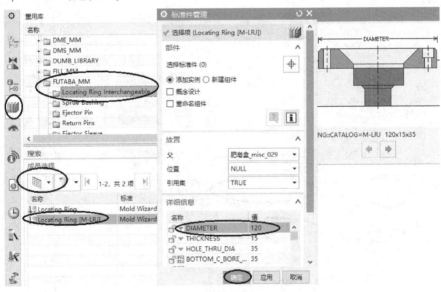

图 4-35

3. 加入浇口套

单击"主要"工具栏中的小图标![icon]，弹出"标准件管理"对话框；再单击资源工具条中的小图标![icon]，弹出选择框；选项设置如图 4-36 所示，然后单击"确定"按钮，在模架的上面加入了浇口套。最后进行开腔操作。

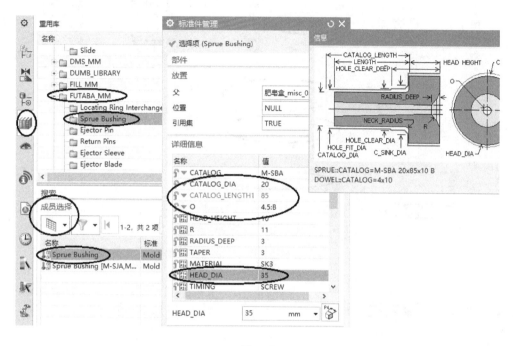

图 4-36

4. 加入拉杆螺钉

单击"主要"工具栏中的小图标![icon]，弹出"标准件管理"对话框；再单击资源工具条中的小图标![icon]，弹出选择框；选项设置如图 4-37 所示，然后点选刮料板（r_plate）的上平面，再单击"确定"按钮，弹出"标准件位置"对话框；输入图 4-38 所示数据，单击"应用"按钮，此时在视窗图形中 r 板上点（198，70）处出现了螺钉；然后在"标准件位置"对话框中修改位置坐标为（-198，70），再单击"应用"按钮，重复以上步骤，在（-198，-70）、（198，-70）坐标位置处也加入螺钉；单击"取消"按钮关闭对话框，在 r 板上出现 4 个拉杆螺钉。将视图线框化显示，结果如图 4-39 所示。

5. 加入分型拉杆

单击"主要"工具栏中的小图标![icon]，弹出"标准件管理"对话框；再单击资源工具条中的小图标![icon]，弹出选择框；选项设置如图 4-40 所示，然后点选刮料板（r_ plate）的底面，单击"确定"按钮，弹出"标准件位置"对话框；分别捕捉拉杆螺钉的圆心，每捕捉一次单击"应用"按钮一次；最后单击"取消"按钮，总共完成 4 根分型拉杆的加入，结果如图 4-41 所示。

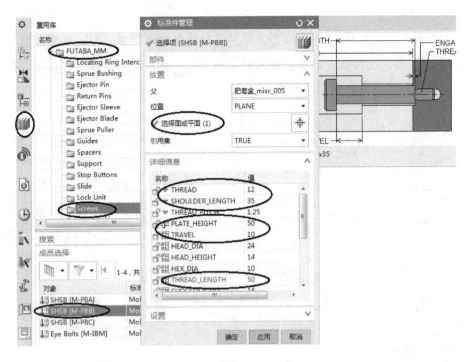

图 4-37

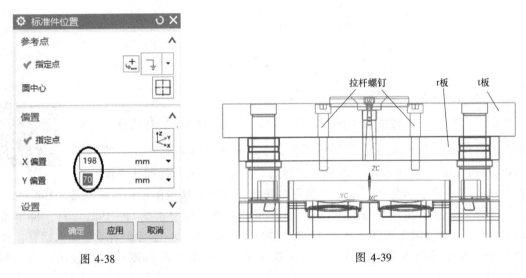

图 4-38

图 4-39

　　首先以模架定模各板及动模的 B 板为目标体，以拉杆螺钉及分型拉杆为工具体进行开腔操作，然后以分型拉杆为目标体，以拉杆螺钉为工具体进行开腔操作。

6. 加入顶杆

　　单击"装配导航器"图标，将 moldbase 节点/movehalf 节点组件打开，将 moldbase 节点/fixhalf 节点和 misc 节点下的所有组件关闭；另外，关闭 layout 节点下 prod 节点中的 parting 节点和 cavity 节点，打开 core 节点，图形如图 4-42 所示。

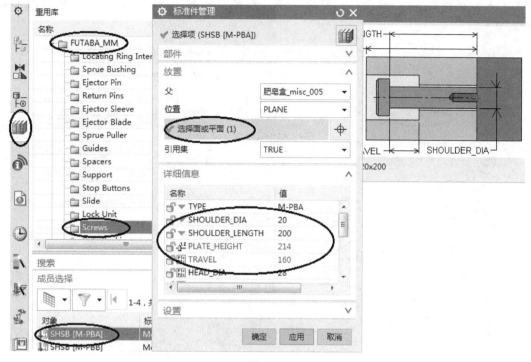

图 4-40

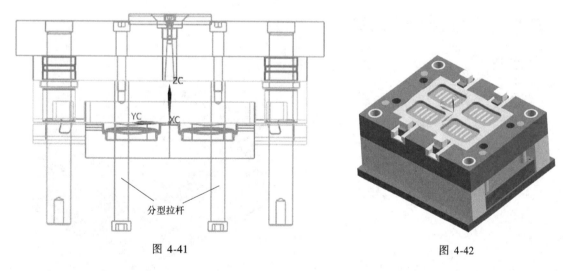

图 4-41　　　　　　　　　　　　　　　　　图 4-42

　　由于是一模四腔，只需要在原始的型芯（-XC，YC）中加入顶杆，同时会在其他三个腔出现顶杆。

　　单击"主要"工具栏中的小图标 ![] ，弹出"标准件管理"对话框；再单击资源工具条中的小图标 ![] ，弹出选择框；选项设置如图 4-43 所示，然后单击"确定"按钮，弹出"点"对话框；输入坐标参数（-29，27），如图 4-44 所示，单击"确定"按钮，添加 1 个顶杆；重复以上步骤，在坐标（-78，25）、（-127，27）、（-29，84）、（-78，86）、（-127，84）的位置上也加入顶杆，共加入 6 根直径为 6mm 的顶杆，同时也在其他三个腔加入了 6 根直径为 6mm 的顶杆；最后单击"取消"按钮，退出对话框，结果如图 4-45 所示。

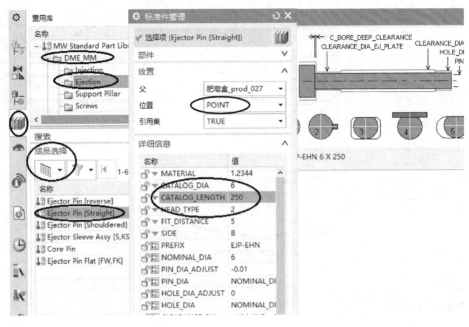

图 4-43

图 4-44

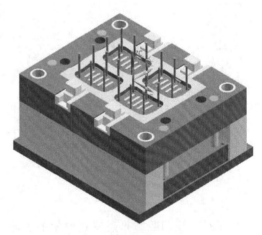

图 4-45

单击"主要"工具栏中的小图标 ，弹出"顶杆后处理"对话框；选项设置如图 4-46 所示，单击"确定"按钮，对加入的顶杆进行修剪操作。然后使用"腔"命令 ，以顶杆为工具体，对型芯、模架的 B 板和 e 板进行开腔操作，结果如图 4-47 所示。

7. 添加树脂开闭器

单击"主要"工具栏中的小图标 ，弹出"标准件管理"对话框；再单击资源工具

图 4-46

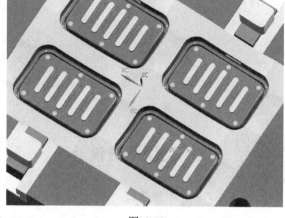

图 4-47

条中的小图标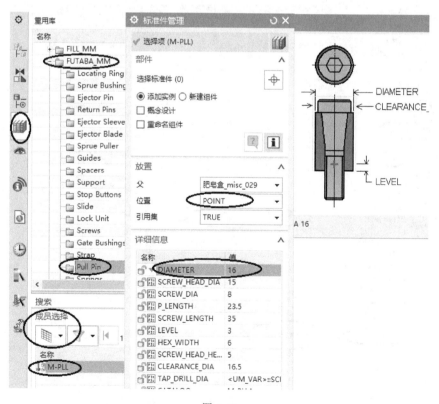，弹出选择框；选项设置如图 4-48 所示，单击"确定"按钮，弹出"点"对话框；输入坐标值，在点（0，160）和点（0，-160）处加入两个树脂开闭器，如图 4-49 所示；最后单击"取消"按钮，退出对话框。

图 4-48

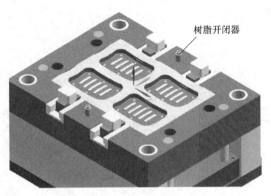

树脂开闭器

图 4-49

4.5 浇注系统设计

1. 添加浇口

单击"主要"工具栏中的小图标 ![icon]，出现"设计填充"对话框；再单击资源工具条中的小图标 ![icon]，弹出选择框；选项设置如图 4-50 所示，"L1"是型腔顶部到分型面的尺寸，经过测量距离约为 8mm，数据修改完成后，单击"设计填充"对话框中的"选择对象"，然后点选型腔零件上任意一点，出现一个可移动的坐标系，如图 4-51 所示；单击可移动坐标

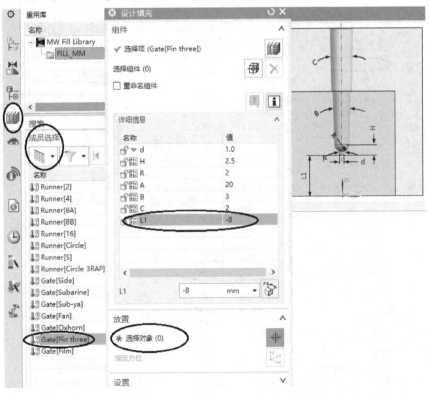

图 4-50

系的原点，出现坐标数据框；输入点浇口坐标值，如图 4-52 所示，再单击"设计填充"对话框中的"应用"按钮，完成在坐标（-78，30）处点浇口的建立。

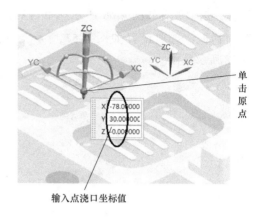

图 4-51　　　　　　　　　　　　　　　　图 4-52

在"设计填充"对话框中点选"复制实例"，再单击"指定点"图标，如图 4-53 所示，弹出"点"对话框；改动坐标值，如图 4-54 所示，单击"确定"→"应用"按钮，在坐标（78，30）处建立另一个点浇口。

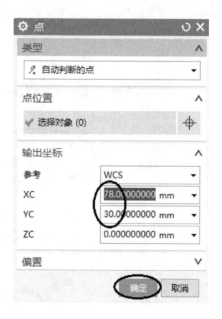

图 4-53　　　　　　　　　　　　　　　　图 4-54

使用方法，在坐标（78，-30）、（-78，-30）处建立另外两个点浇口。四个点浇口完成后，结果如图 4-55 所示。

2. 添加流道

首先将 fill 节点设置为工作部件。然后单击"主要"工具栏中的图标▦，打开"流道"对话框；选项设置如图 4-56 所示，单击对话框中的"绘制截面"图标▦，弹出"创建草图"对话框；选项设置如图 4-57 所示，单击"确定"按钮，进入绘制草图界面，绘制图 4-58 所示草图。

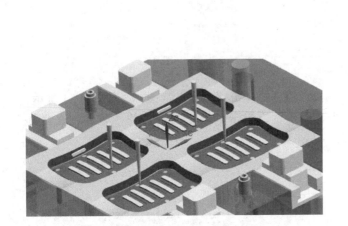

图 4-55

图 4-56

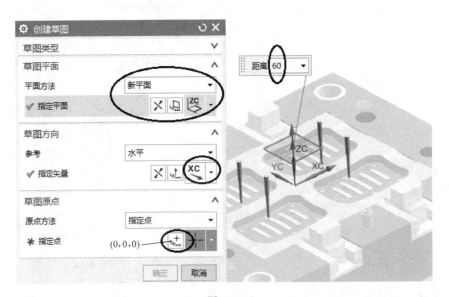

图 4-57

完成草图后，单击"流道"对话框中的"确定"按钮，完成流道体的创建，结果如

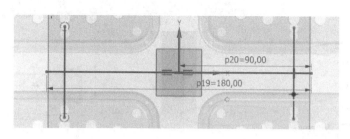

图 4-58

图 4-59 所示。

使用"腔"命令，以 A 板及型腔零件为目标体，以浇注系统（浇口及流道）为工具体（设置"工具类型"为"实体"，如图 4-60 所示），进行开腔。完成后将浇注系统（fill 节点）"抑制"。

图 4-59

图 4-60

3. 添加拉断浇口的销钉

为了使浇注系统在模具开模初期留在刮料板上，在点浇口对应处设有拉钉，以便第一次开模分型时将浇口拉断。

在操作导航器中打开 a_plate 节点（A 板）、t_plate 节点（定模座板）和 r_plate 节点（刮料板），关闭其他所有节点。

单击"主要"工具栏中的小图标 ![]，弹出"标准件管理"对话框；再单击资源工具条中的小图标 ![]，弹出选择框；选项设置如图 4-61 所示，然后选择定模座板的顶面为放置面，单击"确定"按钮，弹出"标准件设置"对话框；捕捉一个浇口的圆心，然后单击"应用"按钮，再捕捉另一浇口的圆心并单击"应用"按钮；如此重复，最后单击"确定"按钮，完成四个销钉的加入。

将图形置于"静态线框"模式，结果如图 4-62 所示。

最后以拉断浇口销钉为工具对相关零件进行开腔操作。

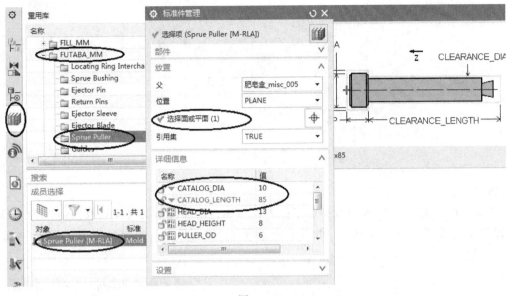

图 4-61

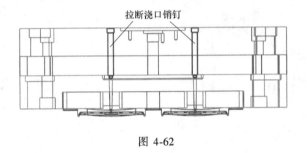

图 4-62

4.6　创建整体型腔、型芯

为了型腔、型芯便于加工及合模方便，对型腔、型芯做如下修改。

1. 创建整体型腔

关闭所有的节点，然后打开 prod 节点下的 cavity 节点。将 combined 节点下的 comb-cavity 设置为工作部件。

单击 [菜单(M)] ▼→"插入"→"关联复制"→"WAVE 几何链接器"，弹出"WAVE 几何链接器"对话框；选项设置如图 4-63 所示，然后点选 4 个型腔，单击"确定"按钮，完成几何链接。最后使用"合并"命令，将四个新的型腔合成一个整体，结果如图 4-64 所示。

2. 创建整体型芯

以创建整体型腔同样的方法创建整体型芯，结果如图 4-65 所示。

图 4-63

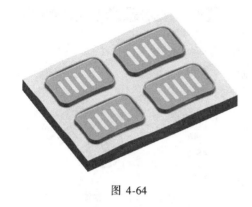
图 4-64

图 4-65

4.7　添加紧固螺钉

1. 添加型腔与 A 板间的紧固螺钉

打开 A 板及型腔零件节点，关闭其他部件节点。

单击"主要"工具栏中的小图标，弹出"标准件管理"对话框；再单击资源工具条中的小图标，弹出选择框；选项设置如图 4-66 所示，然后点选 A 板的顶面，再单击对话框中的"确定"按钮，弹出"标准件位置"对话框；输入图 4-67 所示"X 偏置""Y 偏置"的值，单击"应用"按钮，此时在视窗中 A 板顶面点（150，105）处出现螺钉；继续在"标准件位置"对话框中修改位置坐标为（-150，105），再单击"应用"按钮；重复以上步骤，在点（-150，-105）、（150，-105）处也加入螺钉；单击"确定"按钮关闭对话框，在垫板上添加了 4 个紧固螺钉。最后，以螺钉作为工具对 A 板和型腔零件进行开腔，可见 4 个紧固螺钉的清晰结构。

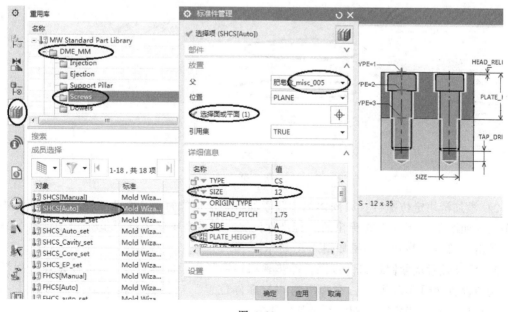
图 4-66

2. 添加型芯与 B 板间的紧固螺钉

以与添加型腔与 A 板间紧固螺钉同样的方法，在型芯零件的 4 个角加入连接型芯零件与 B 板的 4 个 M12 螺钉，注意：在设置螺钉参数时，将"PLATE_HEIGHT"的值改为"40"。

使用"腔"命令 ，以螺钉为工具对 B 板和型芯零件进行开腔。

3. 添加侧滑块与模架间的紧固螺钉

关闭其他部件节点，只打开型芯、B 板及侧滑块组件节点。

图 4-67

1) 添加导轨紧固螺钉。单击"主要"工具栏中的小图标 ，弹出"标准件管理"对话框；再单击资源工具条中的小图标 ，弹出选择框；选项设置如图 4-68 所示，单击"应用"按钮，弹出"标准件位置"对话框；依次输入 4 个绝对坐标值（-103，181）、（-103，141）、（-54，141）、（-54，181），注意每输入一个坐标值后单击"应用"按钮一次，从而加入 4 个 M4 紧固螺钉。

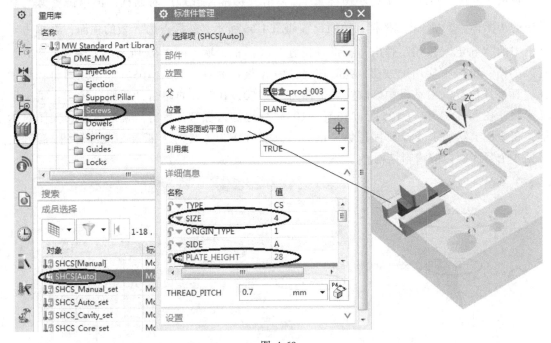

图 4-68

2) 添加滑块定位螺钉。以同样的步骤添加滑块定位螺钉，"标准件管理"对话框中的选项设置如图 4-69 所示，在弹出的"标准件位置"对话框中输入绝对坐标值（-78，195），最后单击"确定"按钮，结果如图 4-70 所示。

3) 添加锁紧块紧固螺钉。以同样的步骤添加锁紧块紧固螺钉，"标准件管理"对话框中的选项设置如图 4-71 所示，在弹出的"标准件位置"对话框中输入绝对坐标值（-78，156），最后单击"确定"按钮，结果如图 4-72 所示。

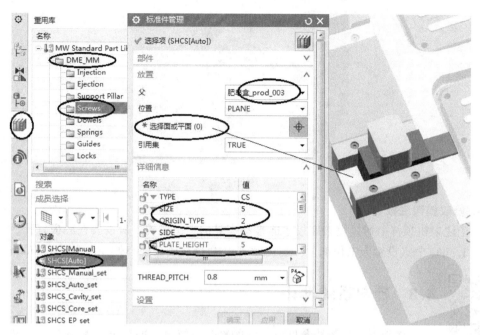

图 4-69

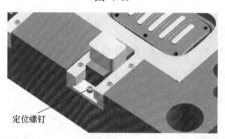

定位螺钉

图 4-70

图 4-71

图 4-72

4. 修改模架底板

由于注射机顶杆要通过模架底板才能推动模具的顶出机构，所以要在底板打孔。

将 l_plate 节点设置为工作部件，利用"孔"命令在底板中心处开设直径为 30mm 的孔。

4.8 冷却系统设计

详细方法步骤请参见前三章的冷却系统设计的章节及本节教学视频，以下提供简要的步骤。

1. 动模冷却系统的建立

1）建立水道。在装配导航器中关闭所有节点，然后打开型芯零件 comb-core 节点，将 cool 节点下的 cool_side_a 节点设置为工作部件，如图 4-73 所示。

单击"冷却工具"工具栏中的小图标，在分型面下方 35mm 处绘制图 4-74 所示草图（草图的形状应避开型腔及顶杆）。

完成草图后，单击对话框中的"确定"按钮，创建的水道如图 4-75 所示。

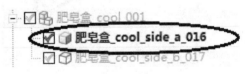

图 4-73

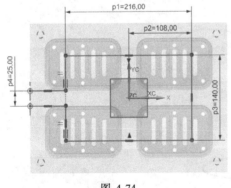

图 4-74

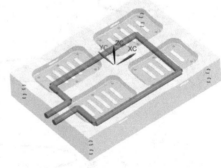

图 4-75

单击"冷却工具"工具栏中的"延长水路"小图标，将水道延长至侧端面。

2）添加管接头。在装配导航器中双击 cool 节点，将它设置为工作部件。

单击"冷却工具"工具栏中的小图标，完成进、出水道管接头的加入，结果如

图 4-76 所示。

2. 加入堵头

单击"冷却工具"工具栏中的小图标 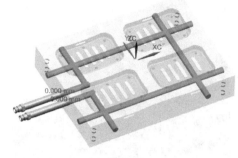，完成各个端面堵头的加入。

完整的动模冷却系统如图 4-77 所示。

3. 定模水道的建立

单击 菜单(M) ▼→ "装配"→"组件"→"镜像装配"，弹出"镜像装配向导"对话框；单击对话框中的"下一步"→选动模的冷却系统→

图 4-76

"下一步"→选镜像平面（分型面下方 10mm 的基准面为镜像平面），然后单击三个"下一步"→"完成"按钮，结果如图 4-78 所示。

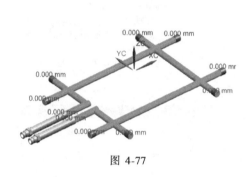

图 4-77

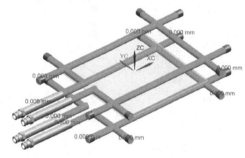

图 4-78

4. 开腔

使用"腔"命令 🔧 ，以冷却系统为工具，对型芯、型腔、A 板及 B 板进行开腔操作。完成后将冷却水道"抑制"。

4.9　绘制模具二维总装配图

1. 三维模型转换为二维工程图

"抑制"所有非模具零件的节点，如水道、浇道等，再打开模具所有的零部件节点，并将最高一级的 top 节点设置为工作部件。模具图的俯视图通常去掉定模部分，以利于清楚地展示型芯及浇注系统。因此需要将动、定模组件分别显示。

首先关闭模架及在动模上的所有组件节点，此时视窗中的图形如图 4-79 所示。

单击"模具图纸"工具栏中的小图标 🔲 ，弹出"装配图纸"对话框；选项设置如图 4-80 所示，然后框选视窗中的定模组件，再单击对话框中的"应用"→"取消"按钮，将所有定模组件的属性指派为"A"。

关闭所有定模组件，打开动模上的组件，结果如图 4-81 所示。

单击"模具图纸"工具栏中的小图标 🔲 ，弹出"装配图纸"对话框；选项设置如图 4-82 所示，注意"属性值"为"B"，然后框选视窗中的定模组件，再单击对话框中的"应用"→"取消"按钮，将所有定模组件的属性指派为"B"。

图 4-79

图 4-80

图 4-81

图 4-82

打开包括模架在内的所有的模具组件节点。

单击"模具图纸"工具栏中的小图标，弹出"装配图纸"对话框；选项设置如图 4-83 所示，最后单击"应用"→"取消"按钮，进入 A0 图纸界面，如图 4-84 所示。

单击"应用模块"选项卡中的"制图"，如图 4-85 所示，进入制图模块。

单击，弹出"基本视图"对话框；选项设置如图 4-86 所示，首先添加左视图为基本视图，再投影得到俯视图，如图 4-87 所示。

图 4-83

图 4-84

图 4-85

图 4-86

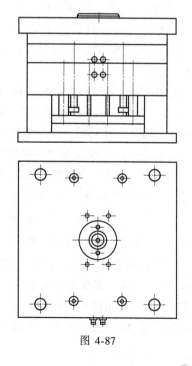

图 4-87

为了在主视图里反映模具的型芯、型腔、侧型芯、顶杆及模架特征，剖切位置必须经过导柱、拉杆、成型零件、侧型芯、浇口、顶杆等。

双击俯视图，弹出"设置"对话框；选项设置如图4-88所示，然后单击"确定"按钮，俯视图中即会显示内部的零件轮廓，如图4-89所示。

图 4-88

使用"剖视图"命令 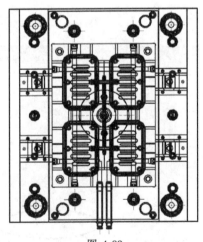，剖切位置经过模架的拉杆、导柱、顶杆、成型零件、浇口等，如图4-90所示的 *A—A* 剖切线，投影得到剖视图，并删除原主视图；再将俯视图沿 *B—B* 剖切并投影得到剖视图，如图4-90所示。

双击主视图，弹出"设置"对话框；将"隐藏线"设置为"不可见"，将"光顺边"中的"显示光顺边"勾选去掉，如图4-91所示。用同样的方法将 *B—B* 剖视图及俯视图中的隐藏线设置为"不可见"，并去掉"显示光顺边"的勾选。每个步骤操作完单击"应用"按钮。

单击"注塑模向导"选项卡中"模具图纸"工具栏中的小图标 ，弹出"装配图纸"对话框；选项设置如图4-92所示，最后单击"确定"按钮，三视图如图4-93所示。

图 4-89

双击要修改的剖面线，弹出"剖面线"对话框；剖面线的"距离"和"角度"设置如图4-94所示，根据需要修改后单击"确定"按钮。

在 UG NX 制图模块中绘制二维工程图不太方便，对于较复杂的图形，在生成各向视图后，可转换成 AutoCAD 文件，再利用 AutoCAD 软件修改和标注尺寸。

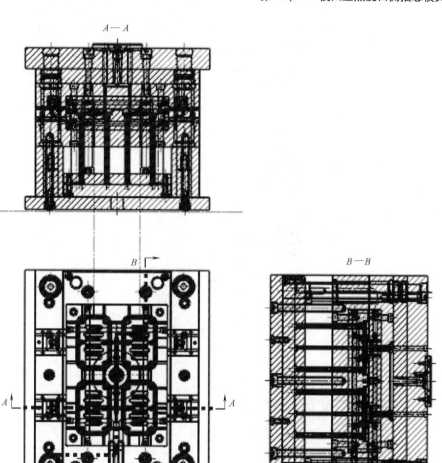

图 4-90

图 4-91

图 4-92

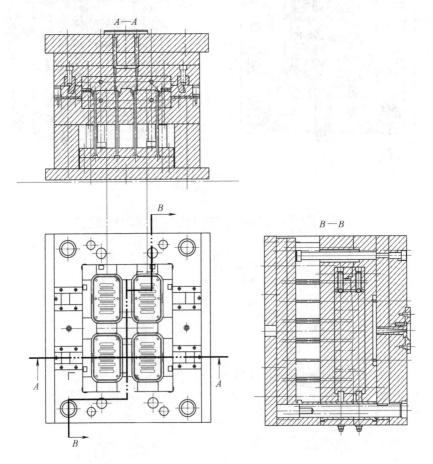

图 4-93

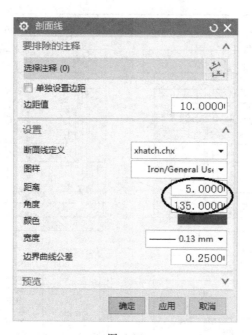

图 4-94

2. UG 二维工程图转换 AutoCAD 图形文件

在 UG NX 制图模块中生成二维工程图后,单击"文件"→"导出"→"AutoCAD DXF/DWG...",出现图 4-95 所示对话框;在"输出 DWG 文件"文本框中输入 AutoCAD 文件要存放的路径,单击"完成"按钮;稍后,将 UG 二维工程图转换成 AutoCAD 图形文件。

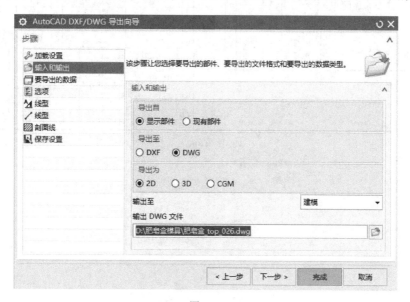

图 4-95

最后,根据国家制图标准及简单、清楚地呈现各个零部件装配关系的表达原则,在 AutoCAD 软件中完成模具二维总装配图的绘制,结果如图 4-96 所示。

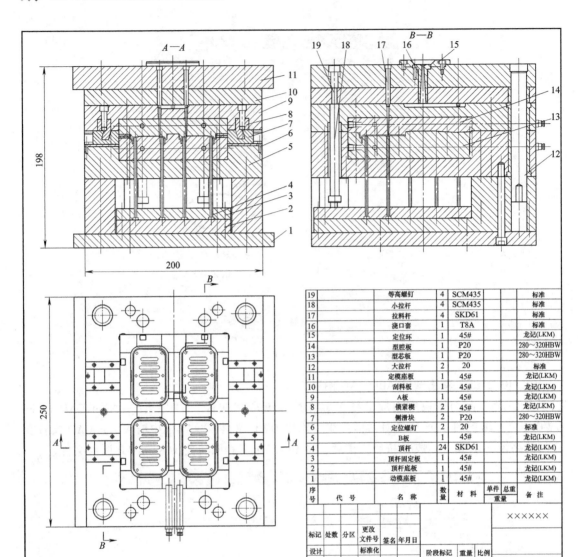

19		等高螺钉	4	SCM435		标准
18		小拉杆	4	SCM435		标准
17		拉料杆	4	SKD61		标准
16		浇口套	1	T8A		标准
15		定位环	1	45#		龙记(LKM)
14		型腔板	1	P20		280~320HBW
13		型芯板	1	P20		280~320HBW
12		大拉杆	2	20		标准
11		定模座板	1	45#		龙记(LKM)
10		刮料板	1	45#		龙记(LKM)
9		A板	1	45#		龙记(LKM)
8		锁紧楔	2	45#		龙记(LKM)
7		侧滑块	2	P20		280~320HBW
6		定位螺钉	2	20		标准
5		B板	1	45#		龙记(LKM)
4		顶杆	24	SKD61		龙记(LKM)
3		顶杆固定板	1	45#		龙记(LKM)
2		顶杆底板	1	45#		龙记(LKM)
1		动模座板	1	45#		龙记(LKM)
序号	代 号	名 称	数量	材 料	单件 总重 重量	备注

图 4-96

第 5 章

直浇口哈弗模设计

5.1 基本思路

图 5-1 所示为注塑成型杯子产品模型及浇注系统。产品成型模具选用大水口模架，采用一模一腔结构，在杯口面分型，采用直浇口，采用顶杆顶出机构。

图 5-1

5.2 模具分型设计

首先创建一个文件夹，命名为"杯子模具"，将杯子产品模型文件复制到"杯子模具"文件夹内。

1. 加载产品

单击"注塑模向导"选项卡中的小图标 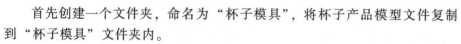，从新建的"杯子模具"文件夹中找到需要加载的产品零件文件"杯子.prt"并双击，弹出图 5-2 所示对话框；选择文件存放"路径"，设置"材料"为"PC"，"收缩"对应的数值默认为"1.0045"，单击"确定"按钮，视窗中出现产品模型图形。

2. 定义模具坐标系

单击"主要"工具栏中的小图标 ，出现"模具坐标系"对话框；由于杯子的建模坐标系符合模具坐标系要求，所以勾选"当前 WCS"，如图 5-3 所示，单击"确定"按钮，完成模具坐标系的设定。

图 5-2

3. 定义成型镶件（模仁）

单击"主要"工具栏中的小图标 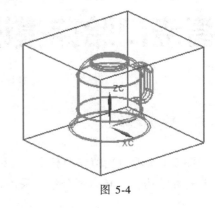，弹出"工件"对话框；默认其中的镶件尺寸，单击"确定"按钮，完成单型腔镶件的加入，结果如图 5-4 所示。

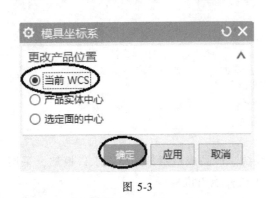

图 5-3

图 5-4

4. 加入开腔体

单击"主要"工具栏中的小图标，出现如图 5-5 所示对话框；单击对话框中的"编辑插入腔"图标，弹出"插入腔"对话框；输入图 5-6 所示数据，然后单击"确定"→"关闭"按钮，完成开腔体的加入，结果如图 5-7 所示。

图 5-5

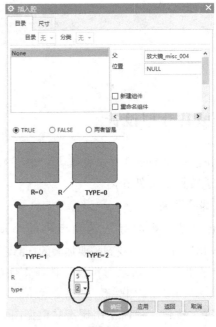

图 5-6

在装配导航器中关闭（去掉勾选）misc 节点下的 pocket 节点，即隐去刚插入的腔体。

5. 模具分型

1）单击"分型刀具"工具栏中的小图标，弹出"检查区域"对话框；如图 5-8 所示，单击"计算"图标 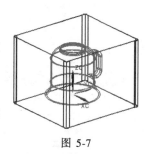，完成区域的计算。

单击对话框中的"区域"选项卡，如图 5-9 所示，单击"设置区域颜色"图标，此时杯内为蓝色、杯外为橙色及其他多种颜色。

选项设置如图 5-10 所示，将杯子的外面（包括手柄）全部设置为"型腔区域"，完成后单击"确定"按钮，退出"检查区域"对话框。

图 5-7

图 5-8　　　　　　　　　图 5-9　　　　　　　　　图 5-10

2）单击"分型刀具"工具栏中的"定义区域"小图标 ，弹出图 5-11 所示对话框；勾选"设置"选项组中的两个选项后，单击"确定"按钮。

3）单击"分型刀具"工具栏中的"设计分型面"小图标 ，弹出"设计分型面"对话框；选择图 5-12 所示的创建分型面的方法，然后单击"确定"按钮，结果如图 5-13 所示。

4）单击"分型刀具"工具栏中的"定义型腔和型芯"小图标 ，弹出图 5-14 所示对话框；选择"所有区域"后，单击"确定"→"确定"→"确定"按钮，完成型芯、型腔的创建。

5）关闭图 5-15 所示界面，打开装配导航器，用鼠标右键单击 parting 节点，选择"在窗口中打开父项"→top 节点。

将视窗中的图形静态线框化显示，结果如图 5-16 所示。

在装配导航器中，分别打开 layout 节点/prod 节点下的 core 节点和 cavity 节点，模具的型芯和型腔零件如图 5-17 和图 5-18 所示。

UG NX12.0注塑模具设计实例教程

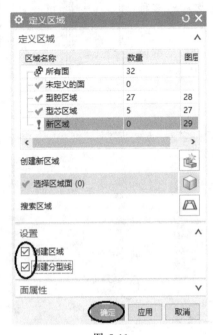

图 5-11

图 5-12

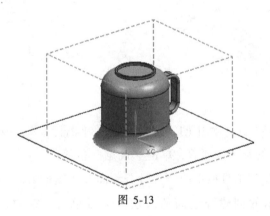

图 5-13

6. 拆分型腔零件

用鼠标右键单击 cavity 节点，选择"在窗口中打开"，此时可对型腔零件进行编辑修改。

1）创建顶部型芯。单击"注塑模工具"工具栏中的小图标，弹出"拆分体"对话框；选型腔零件为目标，选杯子底端外环形线为工具（切割线），选项设置如图 5-19 所示，然后单击"确定"按钮，完成顶部型芯的切割分离。该顶部型芯的形状为圆柱浅台阶形，如图 5-20 所示。

2）创建左、右型芯。单击"注塑模工具"工具栏中的小图标，弹出"拆分体"对话框；选型腔零件为目标，选 YC-ZC 基准平面为工具，如图 5-21 所示，然后单击"确定"按钮，左、右型腔切割分离。此时型腔零件分割成了三部分，如图 5-22 所示。

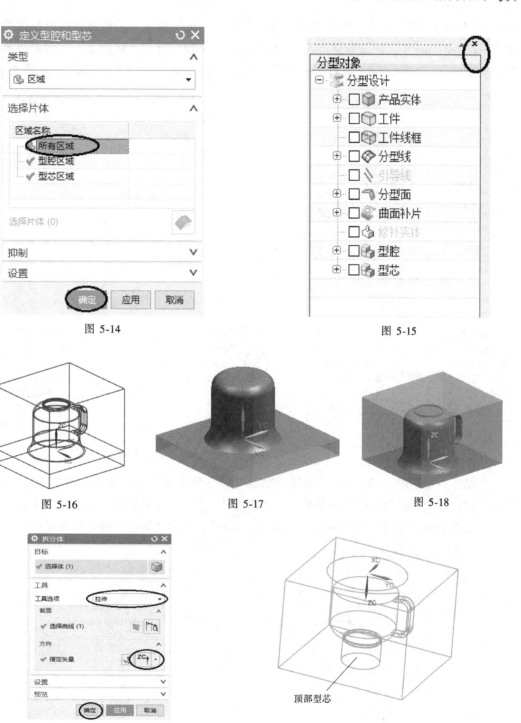

图 5-14

图 5-15

图 5-16

图 5-17

图 5-18

顶部型芯

图 5-19

图 5-20

打开装配导航器，用鼠标右键单击空白处，然后勾选 "WAVE 模式"，如图 5-23 所示。

用鼠标右键单击 cavity 节点，选择 "WAVE"→"新建层"，如图 5-24 所示，弹出 "新建层" 对话框；如图 5-25 所示，单击 "指定部件名" 按钮，在弹出的对话框中输入 "文件名"为"top_core"，再选顶部分割体，然后单击"确定"按钮，从而将顶部分割体复制到新的节点 top_core 中，而新节点位于 cavity 节点之下。以同样的方法将左、右分割体分别复制到 left_cavity、right_cavity 节点下，这些节点都位于 cavity 节点之下，如图 5-26 所示。

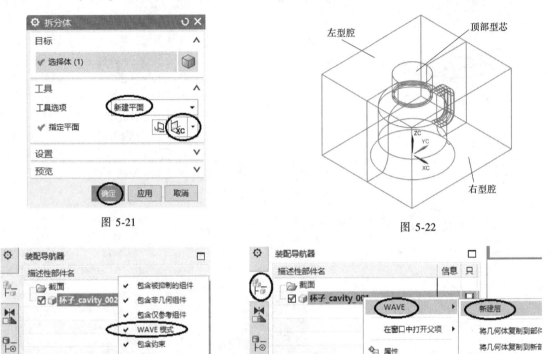

图 5-21

图 5-22

图 5-23

图 5-24

用鼠标右键单击 cavity 节点，选择"在窗口中打开父项"→top 节点，回到最上层父项。为了方便查看图形结构，可以将新建的 3 个节点从 cavity 节点下用鼠标点选后拖至某个节点下，如拖至 prod 节点下，并且将 cavity 节点"抑制"。装配导航器中的结果如图 5-27 所示。

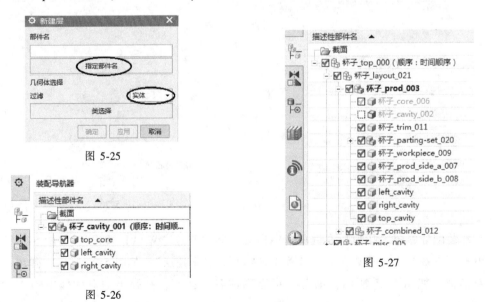

图 5-25

图 5-26

图 5-27

分别勾选左型腔、右型腔及顶部型芯，得到的图形如图 5-28~图 5-30 所示。

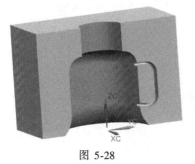
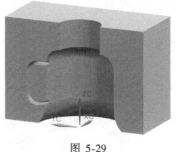

图 5-28　　　　　　　图 5-29　　　　　　　图 5-30

5.3　加入标准件

1. 装载标准模架

单击 "主要" 工具栏中的 "模架库" 小图标 ▦，弹出 "模架库" 对话框；单击资源工具条中的小图标 ▦，弹出选择框；选项设置如图 5-31 所示，然后单击 "确定" 按钮，稍后完成标准模架的加载。

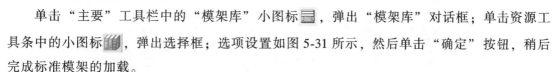
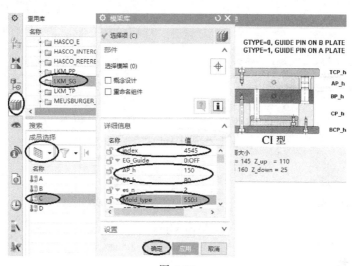

图 5-31

单击 "主要" 工具栏中的小图标 ⚒，弹出 "开腔" 对话框；在视图中点选 A 板、B 板为目标体，单击鼠标中键确定，再点选 A 板、B 板中的开腔体（注意：在装配导航器中勾选 pocket 节点）为工具，如图 5-32 所示，然后单击 "确定" 按钮，完成模架 A 板、B 板上的开腔操作。

开腔后，将 pocket 节点 "抑制"。

2. 加入定位环

单击 "主要" 工具栏中的小图标 ▯，出现 "标准件管理" 对话框；单击资源工具条中的小图标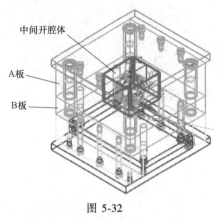，弹出选择框；选项设置如图 5-33 所示，然后单击"确定"按钮，关闭弹出的信息栏，在模架顶部加入 ϕ120mm 的定位环。

图 5-32

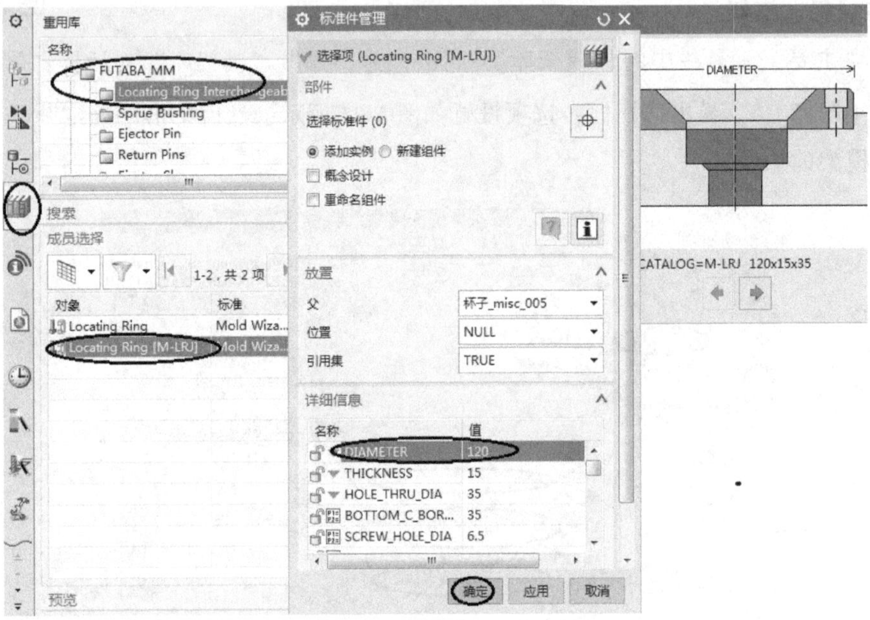

图 5-33

3. 加入浇口套

单击"主要"工具栏中的小图标，出现"标准件管理"对话框；单击资源工具条中的小图标，弹出选择框；选项设置如图 5-34 所示，单击"确定"按钮，将浇口套加到模架中。

由于浇口套长为 130mm，而模具顶面到型腔的距离不到 100mm，要对浇口套进行修剪。

单击"注塑模工具"工具栏中的小图标，出现"修边模具组件"对话框；选项设置如图 5-35 所示，然后点选浇口套，再单击"确定"按钮，完成对浇口套的修剪。

单击"主要"工具栏中的小图标，弹出"开腔"对话框；点选定模座板、A 板及型腔零件为目标体，点选定位环和浇口套为工具进行开腔，结果如图 5-36 所示。

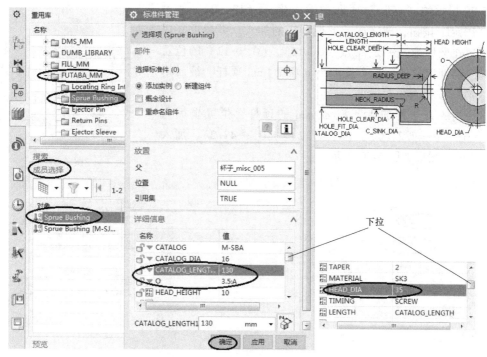

图 5-34

图 5-35

图 5-36

4. 加入顶杆

单击装配导航器图标 ，将 moldbase 节点/movehalf 节点组件，及 prod 节点/core 节点组件打开，其他所有节点关闭，视窗中的图形如图 5-37 所示。

在杯子的底部加 4 根 φ4mm 的顶杆，杯口周边加 4 根 φ3mm 的顶杆。

单击"主要"工具栏中的小图标 ，出现"标准件管理"对话框；再单击资源工具条中的小图标 ，弹出选择框；选项设置如图 5-38 所示，然后单击"确定"按钮；在弹出

的图 5-39 所示的"点"对话框中输入坐标（12，0），然后
单击"确定"按钮，即完成了 1 根顶杆的加入。继续重复以
上步骤，在坐标为（-12，0）、（0，12）、（0，-12）的位置
上也加入顶杆，共计在 4 个点加入 4 根 φ4mm 顶杆，最后单
击"取消"按钮关闭对话框。

以相同的方法再加入 4 根 φ3mm 的顶杆，位置坐标为
（47.2，0）、（-47.2，0）、（0，47.2）、（0，-47.2）。加入
8 根顶杆后，图形如图 5-40 所示。

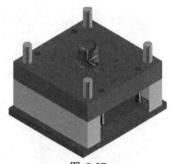

图 5-37

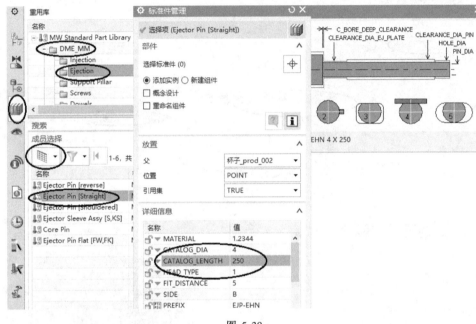

图 5-38

图 5-39

图 5-40

5. 修剪顶杆

单击"主要"工具栏中的小图标 ，出现"顶杆后处理"对话框；选项设置如图 5-41 所示，选择所有的顶杆，单击"确定"按钮后，完成顶杆的修剪，此时顶杆与分型面齐平。

图 5-41

由于型芯与顶杆同时存在，所以顶杆只能隐约可见，使用"腔"命令 ，以顶杆为工具对型芯、B 板及顶杆固定板进行开腔操作。

5.4　加入侧抽芯滑块

打开型腔节点，然后将坐标系原点移至型腔块的边缘中间，YC 轴指向中心，如图 5-42 所示。

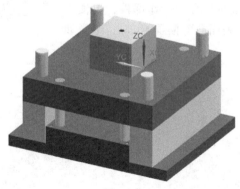

图 5-42

单击"主要"工具栏中的小图标 ，弹出"滑块和浮升销设计"对话框；再单击资源工具条中的小图标 ，弹出选择框；选项设置如图 5-43 所示，单击"确定"按钮，加入侧抽芯滑块，结果如图 5-44 所示。

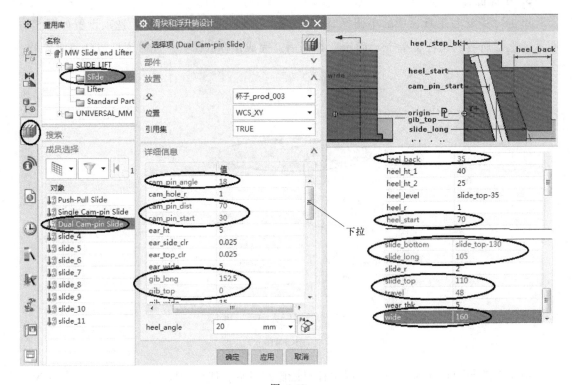

图 5-43

将坐标系原点回复到原始位置，使用 ▤ 菜单(M) →
"装配"→"组件"→"镜像装配"命令，在对称位置加入
侧抽芯滑块。

再以两个侧抽芯滑块组件为工具对 A 板、B 板进行
开腔，结果如图 5-45 所示。

将滑块组件中的 heel 节点设置为工作部件，再使用
"偏置面"命令将该零件下表面向下偏置40mm，结果如
图 5-46 所示。

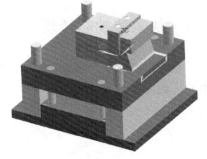

图 5-44

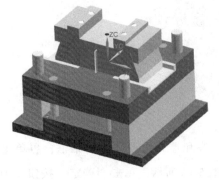

图 5-45

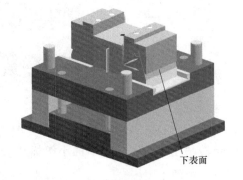

图 5-46

5.5　添加紧固螺钉

1. 添加型芯零件和 B 板间的紧固螺钉

在装配导航器中打开 B 板和型芯零件节点，关闭其他节点，结果如图 5-47 所示。

单击"主要"工具栏中的小图标 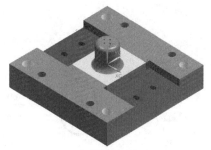，出现"标准件管理"对话框；再单击资源工具条中的小图标 ，弹出选择框；选项设置如图 5-48 所示，然后点选 B 板的背面，再单击"确定"按钮，弹出"标准件位置"对话框；如图 5-49 所示，设置"X 偏置""Y偏置"的值，单击"应用"按钮，此时在视窗中 B 板背面的点坐标为（55，60）处出现了螺钉；然后在"标准件位置"对话框中修改位置坐标为（-55，60），

图 5-47

再单击"应用"按钮；重复以上步骤，在点（-55，-60）、（55，-60）处加入螺钉，最后单击"确定"按钮，完成添加紧固螺钉。使用"腔"命令 ，以螺钉为工具对 B 板和型芯进行开腔，结果如图 5-50 所示。

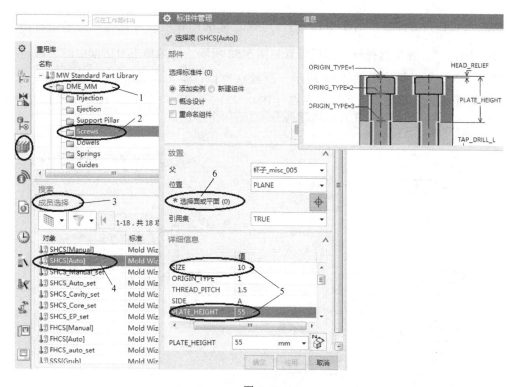

图 5-48

2. 添加侧抽芯导轨与 B 板间的紧固螺钉

在装配导航器中打开 B 板及侧滑块导轨节点，关闭其他节点，结果如图 5-51 所示。

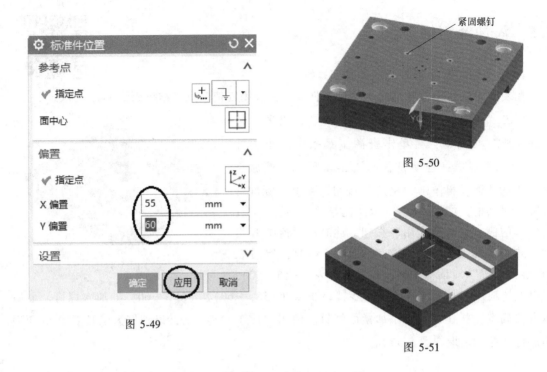

图 5-49

图 5-50

图 5-51

单击"主要"工具栏中的小图标 , 出现"标准件管理"对话框; 再单击资源工具条中的小图标 , 弹出选择框; 选项设置如图 5-52 所示, 然后单击对话框中的"确定"按钮, 弹出"点"对话框; 如图 5-53 所示, 设置点坐标, 单击"确定"按钮, 在点(110, 95)处出现了螺钉; 重复以上步骤, 在点(190, 95)、(110, -82)、(190, -82)、(-110,

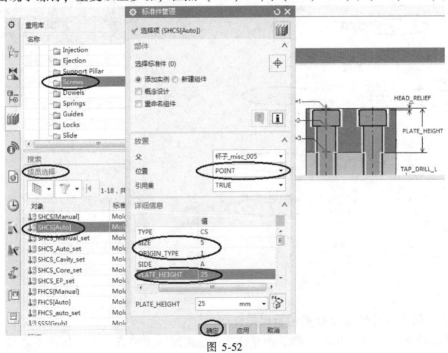

图 5-52

95)、(-190，95)、(-110，-82)、(-190，-82) 也加入螺钉，最后单击"取消"按钮关闭对话框，完成螺钉的加入。

单击"腔" ，弹出"开腔"对话框；如图 5-54 所示，框选 B 板及侧滑块导轨为目标体，然后点选对话框中的"查找相交"图标，单击"确定"按钮，完成开腔操作，结果如图 5-55 所示。

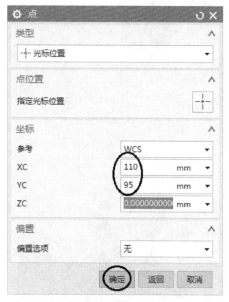

图 5-53

图 5-54

3. 添加侧抽芯压紧块与 A 板间的紧固螺钉

在装配导航器中只勾选侧抽芯压紧块与 A 板节点，图形如图 5-56 所示。

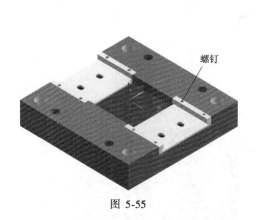

图 5-55

图 5-56

以上述添加螺钉的方法在侧抽芯压紧块上加入连接 A 板的紧固螺钉。需要注意的是，在"标准件管理"对话框中的"详细信息"中，设置"SIZE"为"10"，"PLATE_HEIGHT"为"15"；选择 A 板的上平面为放置平面，在点 (-147，50)、(-147，-50)、(147，50)、(147，-50) 处加入螺钉，其中 Z 坐标不需修改。

最后进行开腔操作。关闭 A 板节点后可见两压紧块上各有两个螺钉，如图 5-57 所示。

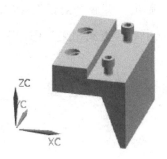

图 5-57

5.6 模具零件的修整

1. 侧型腔零件与滑块合并

如图 5-58 所示，滑块与侧型腔可通过螺钉连接，或者直接将滑块与侧型腔做成一个整体件，即进行合并操作。

将侧型腔设为工作部件，然后单击 菜单(M) → "插入"→"关联复制"→"WAVE 几何链接器"，弹出 "WAVE 几何链接器" 对话框；选项设置如图 5-59 所示，再点选滑块，将滑块链接进来。然后用 "合并" 命令将侧型腔与滑块体合并，得到所需要的侧型腔与滑块的整体结构，如图 5-60 所示。

采用同样的方法将对称侧的侧型腔与滑块合并，得到另一个侧型腔与滑块合并的整体结构。

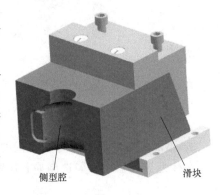

图 5-58

图 5-59

图 5-60

2. 修整顶部型芯

为了将顶部型芯紧固在模具的定模上，对图 5-61 所示型芯进行如下修改。

将 top_core 节点设为工作部件，使用"拉伸"命令，沿 Z 轴正方向拉伸 40mm；再将顶面环形线沿 Z 轴负方向拉伸 10mm，并向外偏置 3mm，结果如图 5-62 所示。

在装配导航器中打开 A 板节点；单击"腔" ，弹出"开腔"对话框；设置"工具类型"为"实体"，如图 5-63 所示，以顶部型芯为工具对 A 板开腔，结果如图 5-64 所示。

图 5-61

图 5-62

图 5-63

3. 修整 A 板

为方便加工及装配压紧块，可用"孔"命令在 A 板内腔的 4 个角创建图 5-65 所示的圆角。

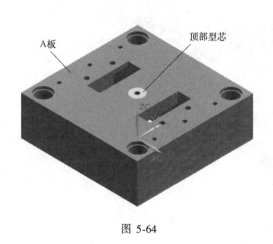

图 5-64

图 5-65

4. 模架底板开孔

由于注射机顶杆需要通过模架底板推动模具的顶出机构，所以需在底板的中心处开一个 ϕ30mm 的孔。

5. 设置滑块定位机构

为了防止模具开合时斜导柱不能准确插入导滑孔内，导致零件损坏，必须对滑块设置定位机构。通常的简易做法是在滑块的极限位置设置限位螺钉；若所选的模架尺寸不够，可在滑块底部设置弹簧钢球定位。因该部分设置与 MoldWizard 无关，所以具体操作省略。

6. 模具爆炸图

打开模具所有的零部件节点，模具外观如图 5-66 所示。

创建及编辑爆炸图，具体操作步骤可参照 1.8 节。最终模具爆炸图如图 5-67 所示。

图 5-66

图 5-67

第6章

一模两腔潜伏浇口模具设计

6.1　基本思路

图 6-1 所示为注塑成型手机前壳产品模型及浇注系统。产品成型模具选用大水口模架，采用一模两腔结构，采用潜伏浇口，浇口开设在顶杆上。

图 6-1

6.2　模具分型设计

1. 加载产品

首先创建一个文件夹，命名为"手机壳模具"，将手机前壳产品模型文件复制到"手机壳模具"文件夹内。

单击"注塑模向导"选项卡中的小图标，弹出"部件名"对话框；在新建的"手机壳模具"文件夹中找到需要加载的产品文件"手机前壳 . prt"并双击，出现图 6-2 所示对话框；在对话框中的"材料"下拉列表中选择"ABS"，"收缩"（材料收缩率）的数值根据所选材料自动默认为"1.006"，然后单击"确定"按钮，视窗中出现产品模型图形。

2. 定义模具坐标系

单击"模具坐标系"图标，弹出"模具坐标系"对话框；

图 6-2

选项设定如图 6-3 所示，在图形中点选手机前壳前端底面边界面（为平面），如图 6-4 所示，然后单击"确定"按钮，将模具坐标系原点设置在前壳底面的前端。

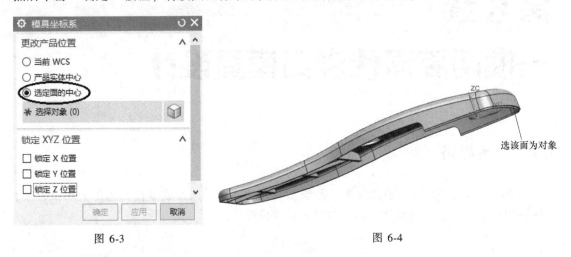

图 6-3

图 6-4

选该面为对象

3. 定义成型镶件（模仁）

单击"主要"工具栏中的小图标 ，弹出"工件"对话框，如图 6-5 所示；单击对话框中的图标 ，进入绘制草图界面；将模仁的尺寸修改为 250mm×120mm，如图 6-6 所示；完成草图后，修改图 6-5 所示对话框中的设置，默认模仁的厚度尺寸，单击"确定"按钮，完成单型腔模仁的加入，结果如图 6-7 所示。

图 6-5

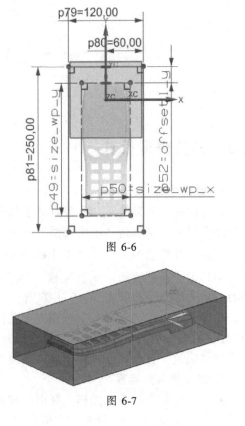

图 6-6

图 6-7

4. 多型腔模布局

单击"主要"工具栏中的小图标⚏，出现图 6-8 所示对话框；将"指定矢量"设置为 XC 轴方向。

单击对话框中的"开始布局"图标。

单击对话框中的"编辑插入腔"图标，弹出"插入腔"对话框；选择"type"为"2"，"R"为"5"，单击"确定"按钮回到"型腔布局"对话框。

单击对话框中的"自动对准中心"图标，单击"关闭"按钮，完成一模两腔的布局操作。图形如图 6-9 所示。

插入的腔体用于对模架 A 板、B 板开腔，暂时可以关闭其对应节点。

图 6-8

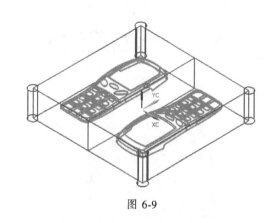

图 6-9

5. 分型设计

分型线是产品在垂直于开模方向的最大轮廓线，获取手机前壳的分型线的步骤如下。

1）检查区域。单击"分型刀具"工具栏中的小图标🔺，弹出"检查区域"对话框；如图 6-10 所示，单击"计算"图标📊，完成区域的计算；再选择"区域"选项卡，如图 6-11 所示，单击"设置区域颜色"图标🖱，设置产品的各个面为不同的颜色，然后勾选"交叉竖直面"并点选"型腔区域"，单击"应用"按钮，再勾选"交叉区域面"并点选"型芯区域"，最后单击"确定"按钮，完成检查区域的设置。

2）修补产品碰穿孔。单击"分型刀具"工具栏中的小图标◈，弹出"边补片"对话框；选项设置如图 6-12 所示，然后点选手机前壳模型，再单击"确定"按钮，完成修补产品碰穿孔的操作，结果如图 6-13 所示。

图 6-10

图 6-11

图 6-12

图 6-13

3) 创建分型线。单击"分型刀具"工具栏中的小图标 ，弹出"定义区域"对话框；选项设置如图 6-14 所示，单击"确定"按钮。在分型导航器中将除了分型线之外的其他节点关闭，视窗图形如图 6-15 所示。

图 6-14

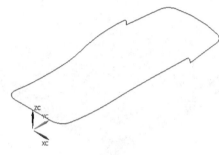

图 6-15

4）产生分型面。手机前壳的分型面形状为曲面，其创建过程如下。

单击"分型刀具"工具栏中的小图标，出现"设计分型面"对话框，如图 6-16 所示；单击"编辑分型段"选项组中的"选择分型或引导线"图标，再在图形窗口中点选分型线上的 4 个拐角，如图 6-17 所示，然后单击"应用"→"应用"→"应用"→"应用"→"确定"按钮，完成分型面的创建，结果如图 6-18 所示。

图 6-16

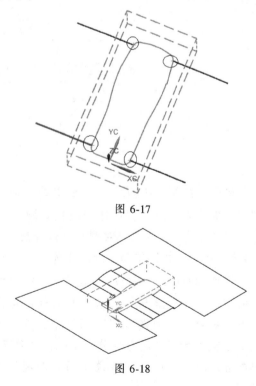

图 6-17

图 6-18

5）创建型芯、型腔。单击"分型刀具"工具栏中的小图标 ⬛，在打开的"定义型腔和型芯"对话框中选择"所有区域"，然后单击"确定"→"确定"→"确定"按钮，完成型芯、型腔的创建。

用鼠标右键单击装配导航器中的 parting 节点，选择"在窗口中打开父项"→top 节点，使之成为工作部件。关闭所有节点，然后打开 layout 节点下的 core 节点，并使图形处于 top 视图和着色状态，此时图形如图 6-19 所示；若只打开 cavity 节点，图形如图 6-20 所示。

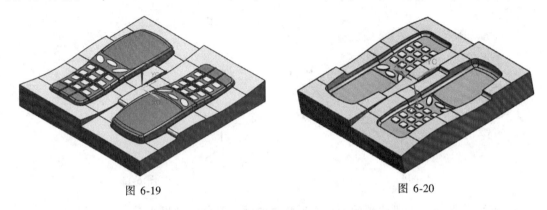

图 6-19   图 6-20

6）修整型芯、型腔零件。由于型芯一端锐角容易碰坏，且凹入部分不便加工，需进行如下修整。

将型芯设置为工作部件（不要关闭型腔节点）；使用"拉伸"命令，进入草图绘制界面后绘制一条起点在型腔零件轮廓边缘上的直线，如图 6-21 所示，完成草图后将直线拉伸成片体，如图 6-22 所示。

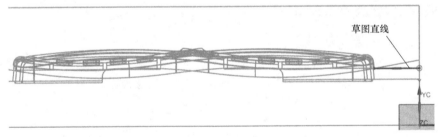

草图直线

图 6-21

单击"注塑模工具"工具栏中的图标 🎁，弹出"拆分体"对话框；选项设置如图 6-23 所示，以拉伸的片体为工具对型芯进行分割，单击"确定"按钮，将锐角部分分割开来。

将型腔设置为工作部件。单击 🔳 菜单(M) ▾ →"插入"→"关联复制"→"WAVE 几何链接器"，弹出"WAVE 几何链接器"对话框；选项设置如图 6-24 所示，然后点选分割下来的锐角部分，再单击"确定"按钮，将锐角部分链接到型腔

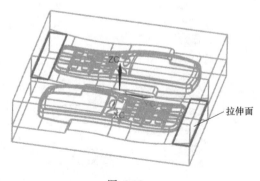

拉伸面

图 6-22

零件中。

使用"合并"命令将型腔零件与链接过来的锐角部分合并，然后隐藏片体和线条，此时型芯的结构如图 6-25，型腔的结构如图 6-26 所示。

图 6-23

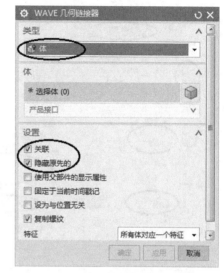

图 6-24

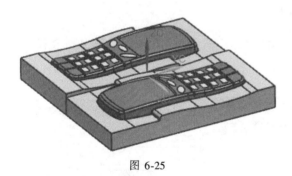

图 6-25

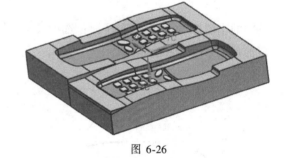

图 6-26

6.3　加入标准件

1. 加载标准模架

单击"主要"工具栏中的"模架库"小图标▤，弹出"模架库"对话框；再单击资源工具条中的小图标▥，弹出选择框；选项设置如图 6-27 所示，表示选用的模架为龙记大水口模架（LKM_SG），C 类型，工字边，基本尺寸为 400mm×400mm，A 板厚度为 40mm，B 板厚度为 70mm，然后单击"确定"按钮，稍后完成标准模架的加载。

使用"腔"命令🔧，选择 A 板和 B 板为目标体，选择插入的腔体为工具体（pocket 节点），完成对 A 板、B 板的开腔操作。开腔完成后，将 pocket 节点"抑制"。

2. 加入定位环

单击"主要"工具栏中的小图标🔩，弹出"标准件管理"对话框；再单击资源工具

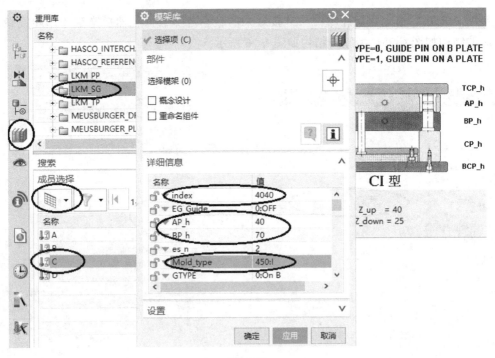

图 6-27

条中的小图标，弹出选择框；选项设置如图 6-28 所示，然后单击"确定"按钮，在模架顶部加入 ϕ120mm 的定位环。

图 6-28

3. 加入浇口套

单击"主要"工具栏中的小图标![icon]，弹出"标准件管理"对话框；再单击资源工具条中的小图标![icon]，弹出选择框；选项设置如图 6-29 所示，然后单击"确定"按钮，在模架的顶部加入浇口套。以定位环、浇口套为工具对相关模具零件进行开腔操作，开腔后的图形结构更清晰。

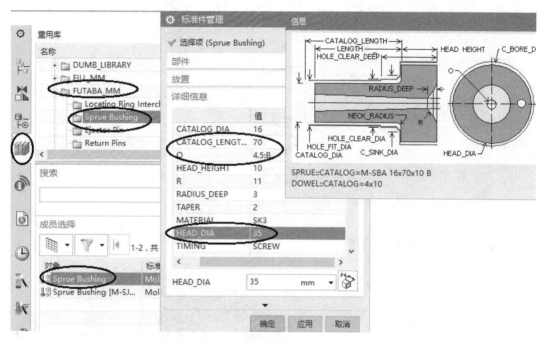

图 6-29

4. 加入顶杆

在装配导航器中关闭所有节点，然后打开 moldbase 节点下的 movehalf 节点组件及 layout 节点/prod 节点下的 core 节点组件，结果如图 6-30 所示。

单击"主要"工具栏中的小图标![icon]，弹出"标准件管理"对话框；再单击资源工具条中的小图标![icon]，弹出选择框；选项设置如图 6-31 所示，然后单击"确定"按钮；在弹出的"点"对话框中输入坐标参数 (-35, 55)，如图 6-32 所示，单击"确定"→"取消"按钮，由于采用一模两腔，所以此时在两个型芯上各添加 1 根顶杆，如图 6-33 所示。注意：由于顶杆上要开设潜伏浇口，所以图 6-31 所示"详细信息"中的"FIT_DISTANCE"的值取应为"40"。

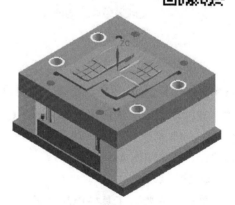

图 6-30

重复以上步骤，在点 (-85, 55)、(-35, 20)、(-85, 20)、(-60, 90) 的位置上加入 4 根 φ5mm 的顶杆，这时"FIT_DISTANCE"取默认值。

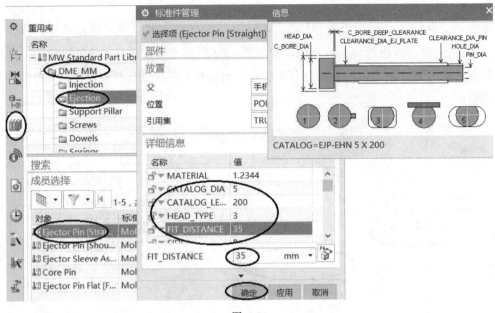

图 6-31

图 6-32

图 6-33

  单击"主要"工具栏中的小图标 ，弹出"标准件管理"对话框；再单击资源工具条中的小图标 ，弹出选择框；选项设置如图 6-34 所示，然后单击"确定"按钮；在弹出的"点"对话框中依前述方法分别在点 (-51, -18.6)、(-69, -18.6)、(-69, -48.8)、(-51, -48.8)、(-51, -79)、(-69, -79) 的位置上（加强筋相交处）加入 φ2mm 的阶梯顶杆。结果如图 6-35 所示。

  5. 修剪顶杆

  单击"主要"工具栏中的小图标 ，出现"顶杆后处理"对话框；选项设置如图 6-36 所示，再单击对话框中的"确定"按钮，顶杆全部被分型面修剪。进行开腔操作后的图形如图 6-37 所示。

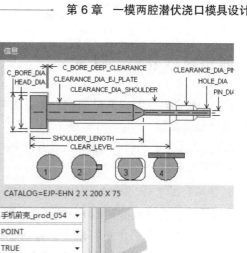

图 6-34

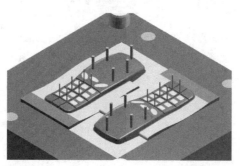

图 6-35

图 6-36

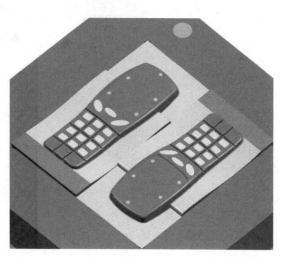

图 6-37

6.4 创建整体型腔、型芯

为了加工及合模方便，需对型腔、型芯做如下修改。

1. 创建整体型腔

关闭所有的节点，再打开 prod 节点下的 cavity 节点，并将 combined 节点下的 comb-cavity 节点设置为工作部件。

单击 菜单(M)▾ → "插入"→"关联复制"→"WAVE 几何链接器"，弹出"WAVE 几何链接器"对话框；选项设置如图 6-38 所示，然后选择两个型腔，单击"确定"按钮，生成两个新的型腔。再使用"合并"命令，将两个新的型腔合成一体。

使用"插入"→"设计特征"→"拉伸"命令，在 YC-ZC 基准面内绘制图 6-39 所示草图（直接捕捉型腔框绘制）。

草图完成后，在 XC 轴方向对称拉伸 7mm，并与型腔"合并"成一体，整体型腔如图 6-40 所示。

图 6-38

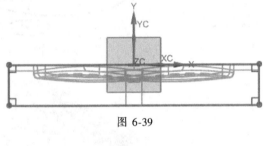

图 6-39

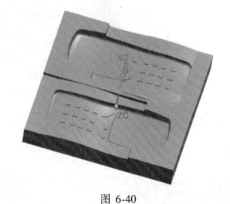

图 6-40

2. 创建整体型芯

关闭所有的节点，再打开 prod 节点下的 core 节点，并将 combined 节点下的 comb-core 节点设置为工作部件。

使用"WAVE 几何链接器"命令及"合并"命令，将两个型芯"合并"成整体型芯。

使用"插入"→"设计特征"→"拉伸"命令，在 YC-ZC 基准面内绘制图 6-41 所示草图。

完成草图后，在 XC 轴方向对称拉伸 7mm，并与型芯"减去"，整体型芯如图 6-42 所示。

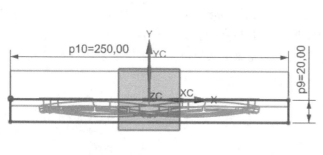

图 6-41

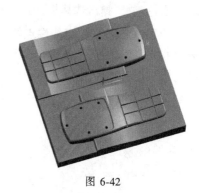

图 6-42

6.5　浇注系统设计

1. 创建流道

将 fill 节点设为工作部件。单击"主要"工具栏中的小图标，打开"流道"对话框；选项设置如图 6-43 所示，单击该对话框中的"绘制截面"图标，弹出"创建草图"对话框；选项设置如图 6-44 所示，单击"确定"按钮，进入绘制草图界面；绘制图 6-45 所示草图，完成草图后，回到"流道"对话框；单击"确定"按钮，完成流道的创建，结果如图 6-46 所示。

图 6-43

图 6-44

2. 添加浇口

单击"主要"工具栏中的小图标，弹出"设计填充"对话框；再单击资源工具条中

的小图标 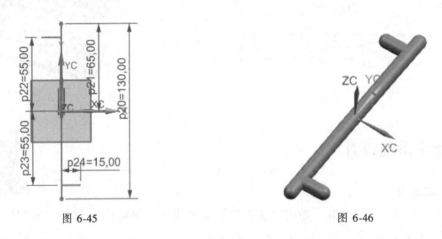，弹出选择框；选项设置如图 6-47 所示，浇口位置选择分流道直线的端点，单击"应用"按钮，在直线端点添加潜伏浇口；如图 6-48 所示，在"设计填充"对话框中单击"指定点"图标，然后点选另一分流道直线的端点，在该点添加一个潜伏浇口，再将浇口绕 Z 轴旋转 180°；最后单击"确定"按钮，完成潜伏浇口的添加，结果如图 6-49 所示。

图 6-45

图 6-46

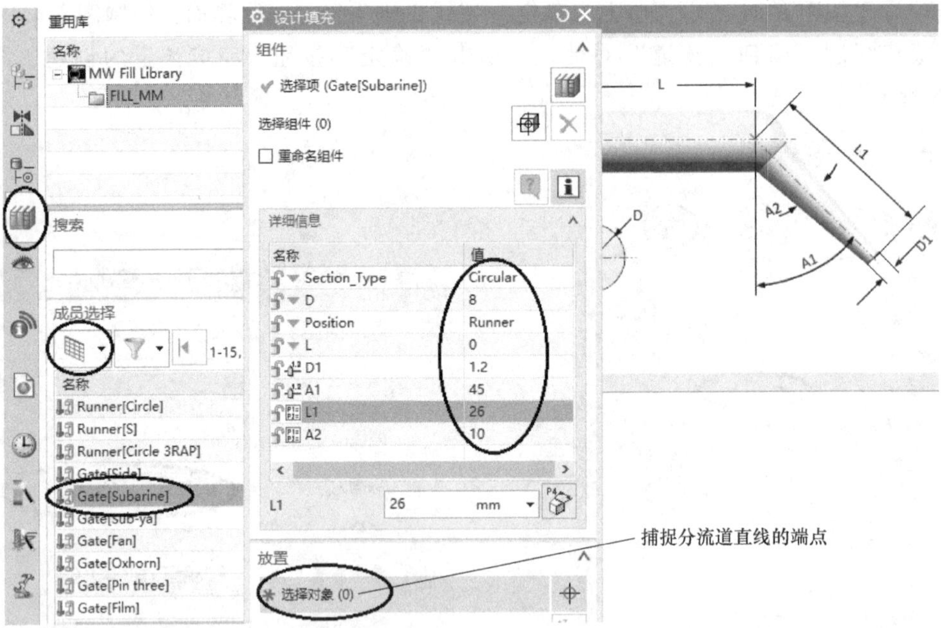

图 6-47

3. 修改浇口顶杆

将浇口顶杆设为显示部件（在右键菜单中选择"在窗口中打开"），在 XC-ZC 基准面内绘制图 6-50 所示草图，并将曲线拉伸成片体，结果如图 6-51 所示。

使用"修剪体"命令 ，以拉伸形成的片体为工具对顶杆进行修剪，结果如图 6-52 所示。此时浇注系统如图 6-53 所示。

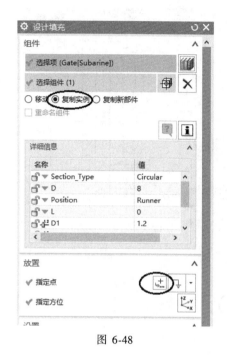

图 6-48

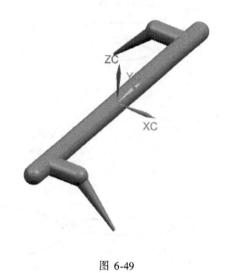

图 6-49

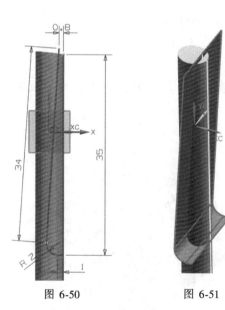

图 6-50

图 6-51

图 6-52

图 6-53

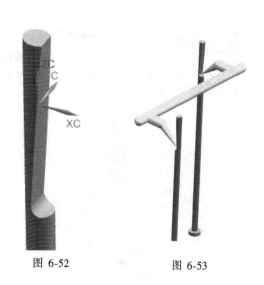

4. 加入主浇道拉料套

单击 "主要" 工具栏中的小图标 ，出现 "标准件管理" 对话框；再单击资源工具条中的小图标 ，弹出选择框；选项设置如图 6-54 所示，然后单击 "确定" 按钮，完成拉料套的加入。

以拉料套为工具在型芯上开腔；然后以型芯、型腔及拉料套为目标体，以浇注系统 (实体) 为工具，进行 "开腔" 操作。完成后将浇注系统 "抑制"，结果如图 6-55 所示。

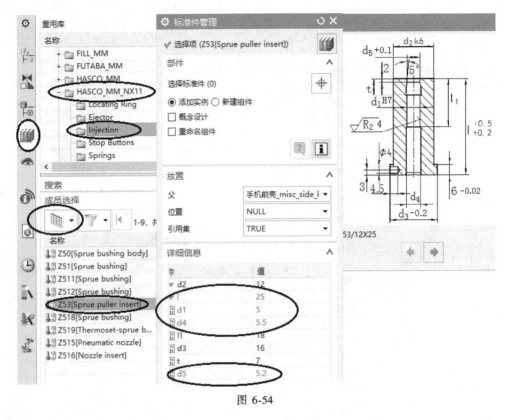

图 6-54

5. 添加流道顶杆

重复 6.3 节中加入顶杆的操作步骤，在点（0，0），（-10，55）处加入 ϕ5mm 的顶杆，结果如图 6-56 所示。

图 6-55

图 6-56

使用"顶杆后处理"命令，修剪三根流道顶杆，然后对型芯及模架的有关零件进行开腔操作。

将中心顶杆设为工作部件，使用"插入"→"修剪"→"修剪体"命令，选择 ZC 基准平面为修剪平面，将中心顶杆向下缩短 7mm。

将两端流道顶杆设为工作部件，使用 "插入"→"偏置/缩放"→"偏置面" 命令，将两端流道顶杆缩短 7mm。

6.6　添加紧固螺钉及零件修整

1. 添加型腔与 T 板（定模座板）间的紧固螺钉

打开 T 板及型腔零件节点。

单击 "主要" 工具栏中的小图标，弹出 "标准件管理" 对话框；再单击资源工具条中的小图标，弹出选择框；选项设置如图 6-57 所示，点选 T 板的顶面，在点（105，105）、（-105，105）、（-105，-105）、（105，-105）处加入螺钉，结果如图 6-58 所示。

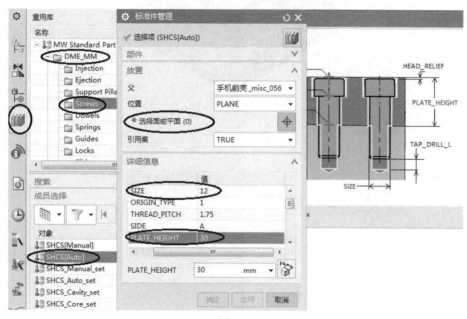

图 6-57

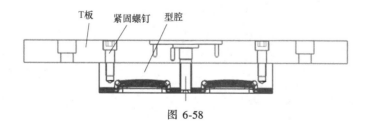

图 6-58

2. 添加型芯与 B 板间的紧固螺钉

用同样的方法在 B 板底面的 4 个角添加 4 个 M12 的螺钉，将型芯零件紧固在 B 板上。注意：在 "标准件管理" 对话框中的 "详细信息" 中，将 "PLATE_HEIGHT" 的值改为 "45"。

使用 "腔" 命令，以添加的螺钉为工具对 B 板和型芯零件进行开腔操作。

3. 修整模架底板

由于注射机顶杆需要通过模架底板来推动模具的顶出机构，所以需在底板中心处打孔。

将 l_plate 节点设置为工作部件，利用"孔"命令在底板的中心处开设直径为 30mm 的孔。

设计完成的模具如图 6-59 所示。

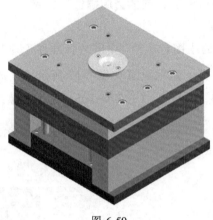

图 6-59

第7章

单型腔点浇口斜顶抽芯模具设计

7.1 基本思路

图 7-1 所示为注塑成型扣板产品模型及浇注系统凝料。产品成型模具采用单型腔及小水口浇注系统。

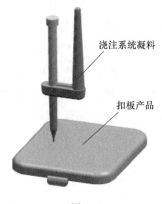

浇注系统凝料

扣板产品

图 7-1

7.2 模具分型设计

1. 加载产品

首先创建一个文件夹，命名为"扣板模具"，将扣板产品模型文件"扣板 . prt"复制到"扣板模具"文件夹内。

单击"注塑模向导"选项卡中的小图标 ，弹出"部件名"对话框；从新建的"扣板模具"文件夹中选择需要加载的产品零件文件"扣板 . prt"，出现"初始化项目"对话框；选项设置如图 7-2 所示，单击"确定"按钮，视窗中出现产品模型。

2. 定义模具坐标系

将工件坐标系原点移至最大横截面处，如图 7-3 所示。

单击"主要"工具栏中的小图标 ，弹出"模具坐标系"对话框；选项如图 7-4 所示，单击"确定"按钮，将

初始化项目

产品

※ 选择体 (0)

项目设置

路径

D:\第7章 扣板模具

Name

扣板

材料   ABS

收缩   1.006

配置   Mold.V1

属性

设置

确定   取消

图 7-2

模具坐标系原点设置在产品最大截面的中间位置。

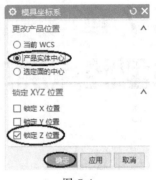

图 7-3   图 7-4

3. 定义成型镶件（模仁）

单击"主要"工具栏中的小图标 ⬡，弹出"工件"对话框；参数设定如图 7-5 所示，其他参数默认，单击"确定"按钮，完成模仁的加入。

单击"主要"工具栏中的小图标 ⬚，出现"型腔布局"对话框；单击对话框中的"编辑插入腔"图标，弹出"插入腔"对话框；设置"R"为"10"，"type"为"2"，单击"确定"→"关闭"按钮，加入开腔用的腔体，结果如图 7-6 所示。

图 7-5   图 7-6

4. 分模设计

（1）为产品表面指派区域 单击"分型刀具"工具栏中的小图标 ⬛，弹出图 7-7 所示对话框；单击"计算"图标，再选择"面"选项卡，对话框如图 7-8 所示，单击"面拆分"按钮，弹出图 7-9 所示对话框；先选 4 个要分割的面（每个扣耳有两个要分割的面），然后点选 XC-YC 基准面为分割对象，单击"应用"按钮，得到 4 条分割线，如图 7-10 所示。

图 7-7

图 7-8

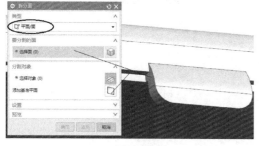

图 7-9

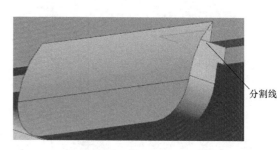

图 7-10

选择"区域"选项卡，单击"设置区域颜色"图标 ，这时产品的各个面呈现不同颜色；将分割线以上的所有未定义面指派到"型腔区域"，将分割线以下的所有未定义面指派到"型芯区域"，然后单击"确定"按钮，此时产品呈现橙、蓝两种颜色。

（2）获取分型线　单击"分型刀具"工具栏中的小图标 ，出现"定义区域"对话框；选项设置如图 7-11 所示，单击"确定"按钮。在分型导航器中关闭除了分型线以外的其他节点，图形如图 7-12 所示。

（3）创建分型面　单击"分型刀具"工具栏中的小图标 ，出现"设计分型面"对话框；选项设置如图 7-13 所示，单击"选择过渡曲线"图标，再在图形窗口中点选分型线上的 4 条短线, 如图 7-14 所示, 然后单击"应用"按钮; 接着点选两条长条的分型线, 单击"应用"按钮; 另外, 对 2 段耳朵线分别向-YC、YC 方向拉伸, 完成分型面的创建, 结果如图 7-15 所示。

图 7-11

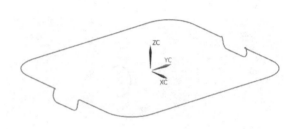

图 7-12

图 7-13

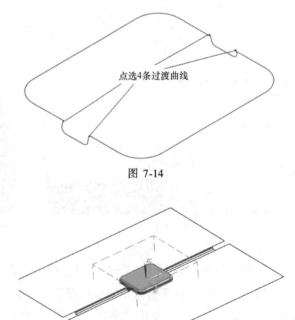

点选4条过渡曲线

图 7-14

图 7-15

(4) 创建型芯、型腔 单击"分型刀具"工具栏中的小图标 ，在弹出的对话框中选择"所有区域", 然后单击"确定"→"确定"→"确定"按钮, 完成型芯、型腔的创建。

用鼠标右键单击装配导航器中的 parting 节点, 选择"在窗口中打开父项"→top 节点,打开总目录。双击装配导航器中的 top 节点，使其成为工作部件。关闭所有节点，然后打开 layout 节点/prod 节点下的 core 节点，并使图形处于 top 视图和着色状态，结果如图 7-16 所示；若只打开 cavity 节点，结果如图 7-17 所示。

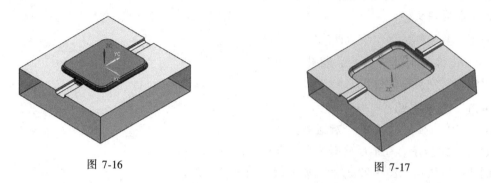

图 7-16　　　　　　　　　　　　　　　　　　　　图 7-17

（5）制作侧抽芯滑块　利用右键快捷命令将型芯"在窗口中打开"，然后在 YC-ZC 基准面上需要侧抽芯的位置绘制图 7-18 所示草图。

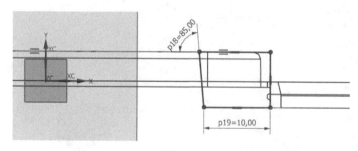

图 7-18

将草图对称拉伸至整个缺口宽度，如图 7-19 所示。

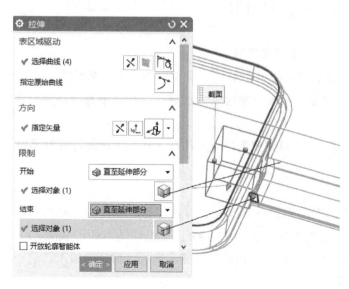

图 7-19

单击 菜单(M)▼ →"插入"→"组合"→"相交"，弹出"相交"对话框，选项设置如图7-20所示。完成后隐藏型腔，即可看到侧抽芯滑块头。

使用 菜单(M)▼ →"插入"→"关联复制"→"镜像几何体"命令，将建成的侧抽芯滑块复制到对称的位置。

单击 菜单(M)▼ →"插入"→"组合"→"减去"，弹出"求差"对话框，选项设置如图7-21所示。完成后隐藏型芯，即可看到侧抽芯滑块头。图7-22所示为放大的侧抽芯滑块头。

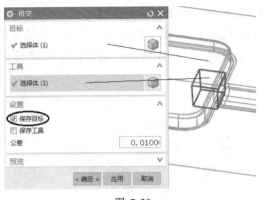

图 7-20

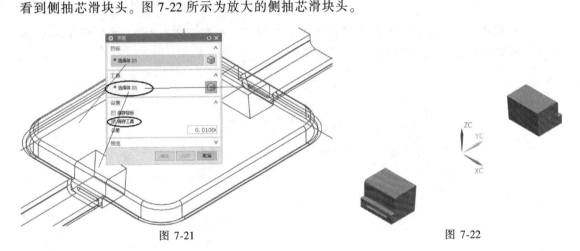

图 7-21   图 7-22

7.3 加入标准件

1. 加载标准模架

单击"主要"工具栏中的小图标 ，弹出"模架库"对话框；再单击资源工具条中的小图标 ，弹出选择框；选项设置如图7-23所示，然后单击"确定"按钮，稍后完成标准模架的加载。

使用"腔"命令 ，以成型镶件为工具对A板、B板进行开腔操作，再将pocket节点"抑制"。

2. 加入定位环

单击"主要"工具栏中的小图标 ，弹出"标准件管理"对话框；再单击资源工具条中的小图标 ，弹出选择框；选用 FUTABA_MM 目录中的 Locating Ring［M-LRJ］，设置"DIAMETER"为"120"，单击"确定"按钮，完成定位环的加入。

3. 加入浇口套

单击"主要"工具栏中的小图标 ，弹出"标准件管理"对话框；再单击资源工具条

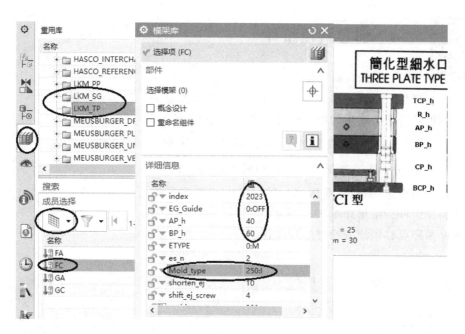

图 7-23

中的小图标，弹出选择框；选项设置如图 7-24 所示，然后单击"确定"按钮，在模架的
顶部加入浇口套。以定位环、浇口套为工具对 A 板、定模座板进行开腔操作。

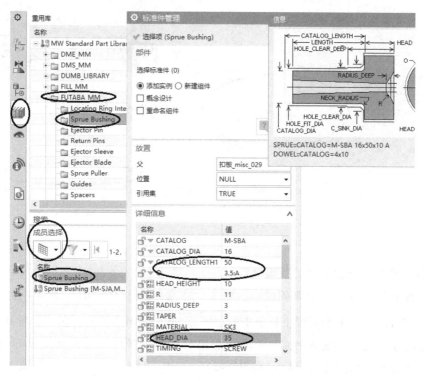

图 7-24

7.4 创建斜顶组件

1. 加入斜顶组件

关闭所有部件节点，再打开型芯部件节点。将坐标系原点移动到侧抽芯滑块头底边的中间位置，如图 7-25 所示。

单击"主要"工具栏中的小图标，弹出"滑块和浮升销设计"对话框；再单击资源工具条中的小图标，弹出选择框；选项设置如图 7-26 所示，然后单击"确定"按钮，加入斜顶组件，结果如图 7-27 所示。

将坐标系原点移回原来绝对坐标位置。

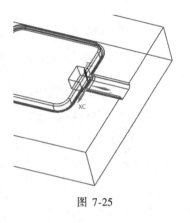

图 7-25

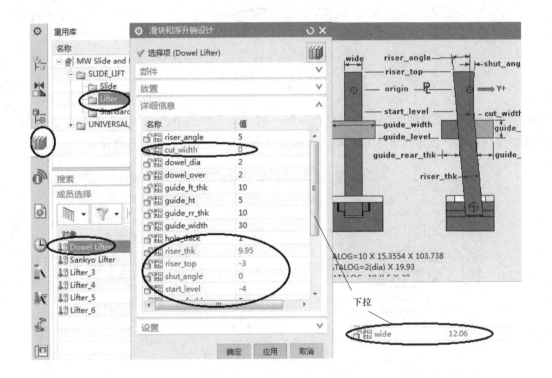

图 7-26

2. 添加斜顶组件与模架间的紧固螺钉

（1）添加导轨与 B 板间的紧固螺钉　单击"主要"工具栏中的小图标，弹出"标准件管理"对话框；再单击资源工具条中的小图标，弹出选择框；选项设置如图 7-28 所示，然后点选 B 板底面为安装平面，单击"应用"按钮，弹出"标准件位置"对话框；分别输入 4 个点的绝对坐标（9，43）、（-9，43）、（-9，24）、（9，24），每输入一个坐标，单击"应用"按钮一次，加入 4 个 M4 的紧固螺钉，结果如图 7-29 所示。

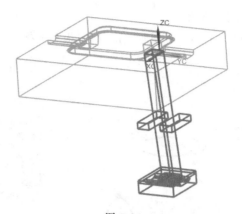

图 7-27

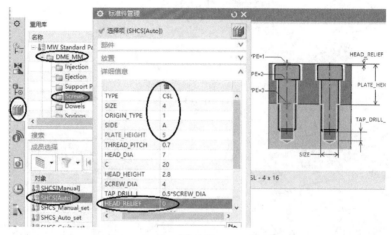

图 7-28

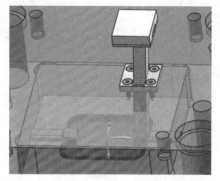

图 7-29

（2）添加导轨与 f 板间的紧固螺钉　单击"主要"工具栏中的小图标 ，弹出"标准件管理"对话框；再单击资源工具条中的小图标 ，弹出选择框；选项设置如图 7-30 所示，然后点选斜顶导轨盖板上平面为安装平面，单击"应用"按钮，弹出"标准件位置"对话框；分别输入 4 个点的绝对坐标（12，25）、（-12，25）、（12，41）、（-12，41），每输入一个坐标，单击"应用"按钮一次；加入 4 个 M4 的紧固螺钉，结果如图 7-31 所示。

使用　菜单(M)▼　→"装配"→"组件"→"镜像装配"命令，将斜顶组件及紧固螺钉进行对称复制，结果如图 7-32 所示。

以斜顶组件及紧固螺钉为工具，对型芯、B 板、f 板和 e 板进行开腔操作。

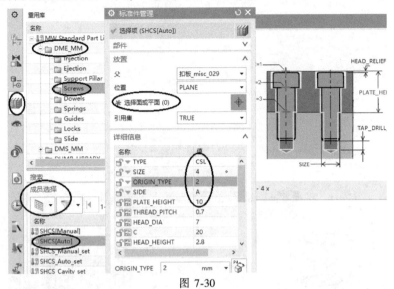

图 7-30

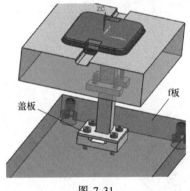

图 7-31

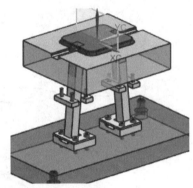

图 7-32

3. 将斜顶滑块与侧抽芯滑块头合成一体

将斜顶组件里的滑块体（bdy 节点）设为工作部件。使用 菜单(M) → "插入"→"关联复制"→"WAVE 几何链接器"命令及"合并"命令，将滑块体与侧抽芯滑块头合并成一体，结果如图 7-33 所示。

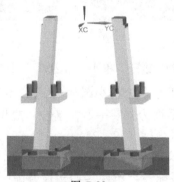

图 7-33

7.5 加入分型拉杆组件

1. 加入拉杆螺钉

单击 "主要" 工具栏中的小图标 ![icon]，弹出 "标准件管理" 对话框；再单击资源工具条中的小图标 ![icon]，弹出选择框；选项设置如图 7-34 所示，然后点选刮料板（r_plate 节点）的上表面，再单击 "确定" 按钮，弹出 "标准件位置" 对话框；输入图 7-35 所示的 "X 偏置" "Y 偏置" 的值，单击 "应用" 按钮，在视窗中 r 板上点（33，72）处出现螺钉；然后分别输入点坐标（−33，72）、（−33，−72）、（33，−72），每输入一个坐标，单击 "应用" 按钮一次；最后单击 "取消" 按钮退出对话框，在 r 板上出现 4 个拉杆螺钉，将视图线框化显示，结果如图 7-36 所示。

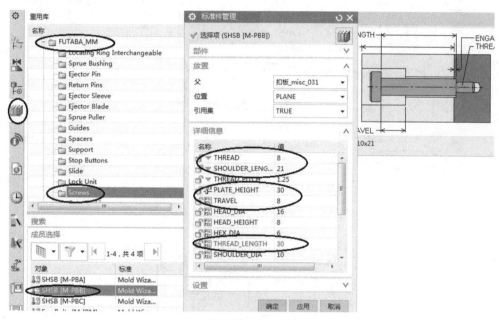

图 7-34

图 7-35

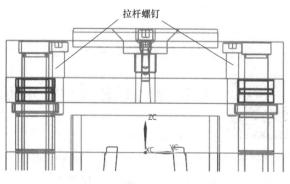

图 7-36

2. 加入分型拉杆

单击"主要"工具栏中的小图标 ，弹出"标准件管理"对话框；再单击资源工具条中的小图标 ，弹出选择框；选项设置如图 7-37 所示，然后点选刮料板的底面，再单击"确定"按钮，弹出"标准件位置"对话框；分别捕捉拉杆螺钉的圆心，每捕捉一次单击"应用"按钮一次；最后单击"取消"按钮退出对话框，完成 4 根分型拉杆的加入，结果如图 7-38 所示。

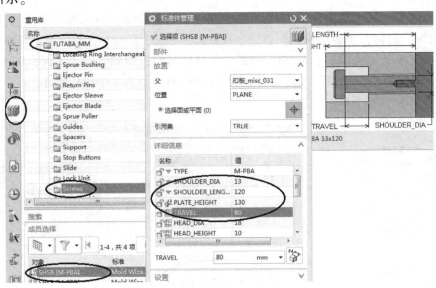

图 7-37

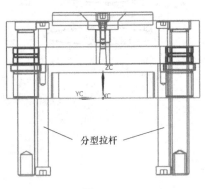

图 7-38

以模架定模各板及动模的 B 板为目标体，以拉杆螺钉及分型拉杆为工具进行开腔操作。

7.6　加入顶杆及树脂开闭器

1. 加入顶杆

将所有节点关闭，再打开动模和型芯节点。

单击"主要"工具栏中的小图标 ，弹出"标准件管理"对话框；再单击资源工具条中的小图标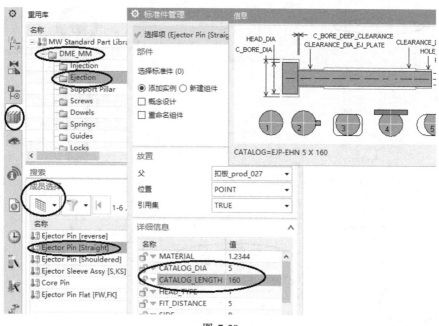，弹出选择框；选项设置如图 7-39 所示，然后单击"确定"按钮，弹出"点"对话框；输入坐标（23，27），如图 7-40 所示，单击"确定"按钮，添加一个顶针；然后分别输入点坐标（23，0）、（23，-27）、（-23，-27）、（-23，0）、（-23，27），每输入一个坐标单击"确定"按钮一次；最后单击"取消"按钮退出对话框，加入 6 根 ϕ5mm 的顶杆，结果如图 7-41 所示。

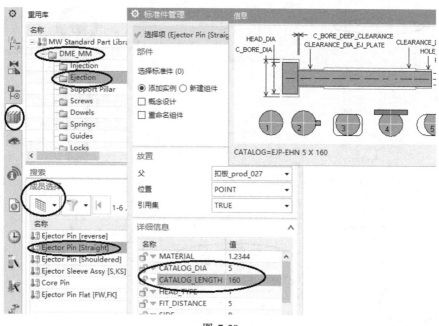

图 7-39

图 7-40

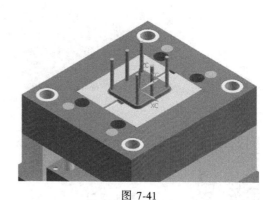

图 7-41

单击"主要"工具栏中的小图标，以型芯为工具对加入的顶杆进行修剪操作；然后使用"腔"命令，以 6 根顶杆为工具，对型芯、B 板、e 板进行开腔操作。

2. 加入树脂开闭器

打开"标准件管理"对话框，选项设置如图 7-42 所示；单击"确定"按钮，弹出"标准件位置"对话框；输入坐标值，在点（80，0）和点（−80，0）处加入两个树脂开闭器。开腔后结果如图 7-43 所示。

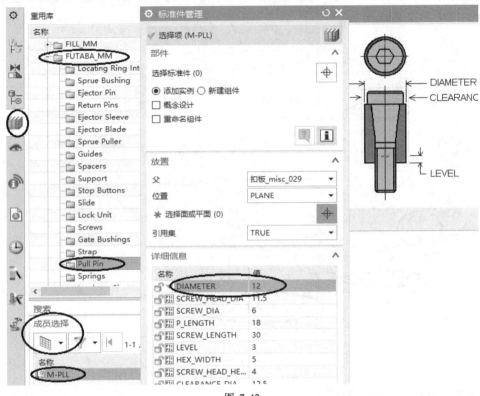

图 7-42

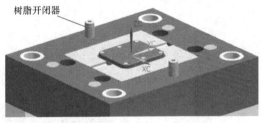

图 7-43

7.7 浇注系统设计

1. 添加浇口

单击"主要"工具栏中的小图标 ，出现"设计填充"对话框；再单击资源工具条中的小图标 ，弹出选择框；选项设置如图 7-44 所示，对话框中的"L1"是浇口最低点到分型面的高度尺寸，经过测量约为 6.3689mm，单击"设计填充"对话框中的"选择对象"，然后点选型腔零件上任意一点，出现一个可移动的坐标系，如图 7-45 所示。

　　单击可移动坐标系的原点，出现坐标对话框；输入浇口坐标值，如图 7-46 所示，再单击 "设计填充" 对话框中的 "确定" 按钮，完成在坐标 （-15，0）位置的点浇口创建，如图 7-47 所示。

图 7-44

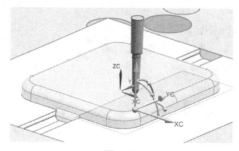

图 7-45

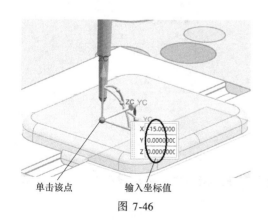

单击该点　　　　输入坐标值

图 7-46

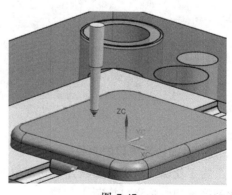

图 7-47

2. 添加流道

首先将 fill 节点设为工作部件，然后单击"主要"工具栏中的小图标 ▦，打开"流道"对话框；选项设置如图 7-48 所示，单击该对话框中的图标 ▤，弹出"创建草图"对话框；选项设置如图 7-49 所示，然后点选浇口顶面，单击"确定"按钮后进入草图绘制界面，绘制图 7-50 所示草图。

图 7-48

图 7-49

完成草图后，单击"流道"对话框中的"确定"按钮，完成流道体的创建，结果如图 7-51 所示。

以 A 板及型腔零件为目标体，以浇注系统的浇口和流道（实体）为工具，进行开腔操作，如图 7-52 所示；然后将浇注系统"抑制"。

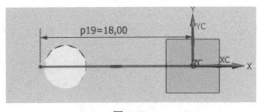

图 7-50

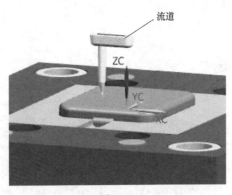

图 7-51

图 7-52

3. 添加拉断浇口的销钉

为了使浇注系统在模具开模初期留在刮料板上，在点浇口对应处应设有拉钉，以便第一次开模分型时将浇口拉断。

在装配导航器中打开 a_plate 节点、t_plate 节点和 r_plate 节点，关闭其余节点。

单击"主要"工具栏中的小图标，弹出"标准件管理"对话框；再单击资源工具条中的小图标，弹出选择框；选项设置如图 7-53 所示，选择定模座板的顶面（浇口套孔口底面）为放置面，然后单击"确定"按钮，弹出"标准件位置"对话框；捕捉浇口的圆心，单击"确定"按钮，完成销钉的加入。

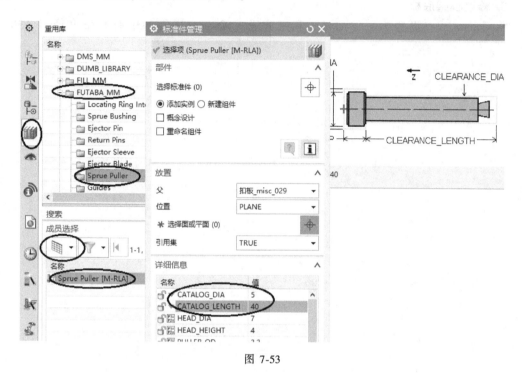

图 7-53

将图形设置为"静态线框"模式，结果如图 7-54 所示。最后以拉断浇口的销钉为工具体，对相关模具零件进行开腔操作。

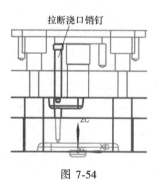

图 7-54

7.8　添加紧固螺钉及修整零件

简要步骤提示如下。

1. 添加型腔与 A 板间的紧固螺钉

A 板顶面点（43，48），（-43，48），（-43，-48）、（43，-48）位置加入 4 个 M8 螺钉。

2. 添加型芯与 B 板间的紧固螺钉

用同样的方法，在 B 板底面的 4 个角加入 4 个 M8 螺钉。

3. 修改模架底板

将 l_plate 节点设置为工作部件，利用"孔"命令在底板的中心开设直径为 $\phi30\text{mm}$ 的孔。

第8章
江西省模具数字化设计与制造工艺技能大赛题解

8.1 大赛要求

1. 项目总体要求

1）依据赛场提供的温度监测器的不完整三维模型，如图 8-1 所示，设计产品缺少的部分。设计的产品制件高度不低于 18mm，产品材料为 PS，材料收缩率为 0.5%，要求与已提供的模型相配合，组成一个完整的产品，能满足实际使用需要；同时要求设计定位与固定结构，需要和现场提供的模架及各机构位置相匹配。

图 8-1

2）根据优化的设计方案完成并细化模具的三维结构设计，完成模具二维装配工程图、指定零件二维工程图的绘制；设计的模具采用一模一腔结构。

3）编制产品与模具设计说明书。

4）加工模具型芯、型腔，以及斜顶、滑块等零件。

2. 赛场提供的毛坯件

1）一块型腔镶块，尺寸为 110mm×110mm×35mm，已六面磨光。

2）两块型芯镶块，尺寸为 110mm×110mm×40mm，已六面磨光。其中一块已加工斜顶孔；另一块为方料，未加工斜顶孔。

3）两块滑块，毛坯尺寸为 40mm×56mm×35mm，已六面磨光，相关尺寸如图 8-2 所示。

4）一块斜顶，毛坯尺寸为 12mm×12mm×120mm，有关装配尺寸如图 8-3 所示。

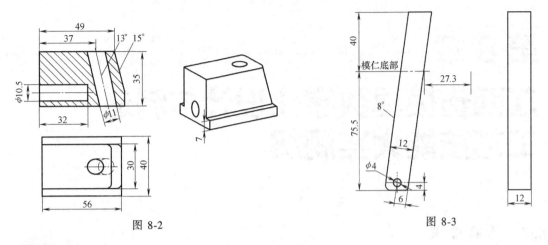

图 8-2   图 8-3

8.2 产品建模

1. 创建产品装配文件

创建一个产品装配文件夹，命名为"温度监测器装配"，将温度监测器文件复制到该文件夹内，然后在 UG NX12.0 软件内打开该文件，如图 8-4 所示。

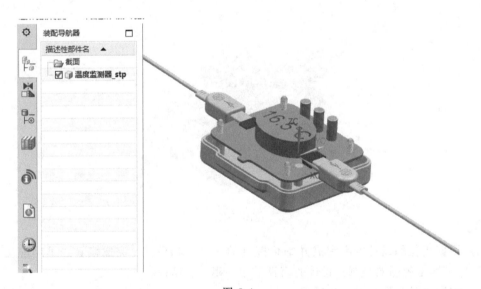

图 8-4

用鼠标右键单击装配导航器中的组件节点，选择"WAVE"→"新建层"，如图 8-5 所示，弹出"新建层"对话框；单击"指定部件名"按钮，如图 8-6 所示，在弹出的对话框中选择已创建的文件夹，在"文件名"文本框中输入"温度监测器外壳"，如图 8-7 所示，然后再单击"OK"→"确定"按钮，完成新建组件的操作，结果如图 8-8 所示。

2. 构建装配配套的零件

在装配导航器中双击"温度监测器外壳"节点，使之成为工作部件。

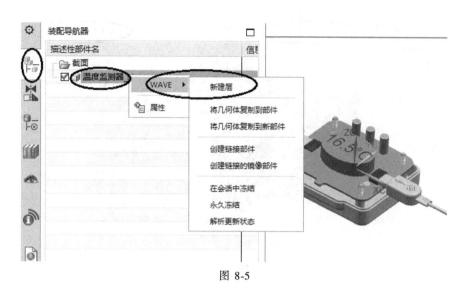

图 8-5

图 8-6

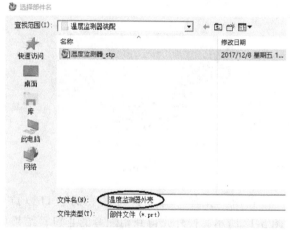

图 8-7

图 8-8

使用"拉伸"命令，将温度监测器外周轮廓线沿 ZC 方向拉伸为高 20mm 的实体，如图 8-9 所示，注意相关选项的设定。

测量原底壳的圆角半径为 2.85mm，以同样的尺寸对外壳倒圆角，结果如图 8-10 所示。

测量原底壳的壁厚为 2mm，使用"抽壳"命令，以同样的尺寸对实体抽壳，结果如图 8-11 所示。

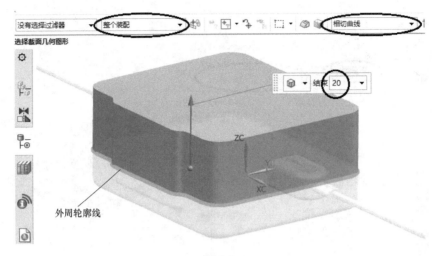

外周轮廓线

图 8-9

图 8-10   图 8-11

使用"拉伸"命令,将底壳的止口边拉伸成实体,并进行"减去"布尔运算,如图 8-12 所示,使外壳得到相配套的止口,结果如图 8-13 所示。

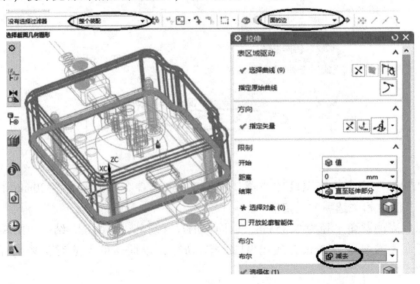

图 8-12

使用"拉伸"命令，对原始产品模型的三个按钮以及温度显示盘的轮廓线进行拉伸并从外壳中"减去"，选项设定如图 8-14 所示，结果如图 8-15 所示。

使用"拉伸"命令，拉伸底壳上的四个紧固螺钉安装柱，选安装柱的圆环面，从固定板的上平面拉伸到外壳的内底面并"合并"，结果如图 8-16 所示。

使用"WAVE 几何链接器"命令，在弹出的对话框中进行图 8-17 所示的选项设定，然后点选固定板及左、右两个探针，将三个零件链接到外壳零件。

图 8-13

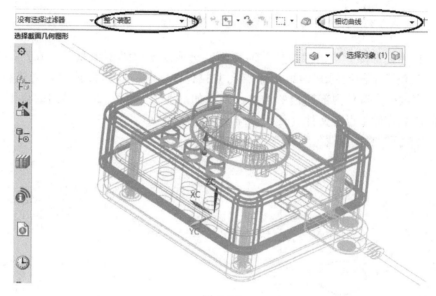

图 8-14

图 8-15

图 8-16

使用"减去"命令，以外壳为目标，以链接的三个零件为工具进行求差操作，最后的图形如图 8-18 所示。

由于固定板有较多的部位与其他零件接触相配，其"舌头"（突出部分）有可能卡不进凹槽，所以要稍微加大凹槽的尺寸。

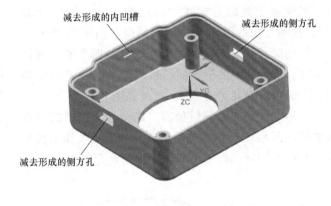

图 8-17

图 8-18

使用"拉伸"命令，弹出"拉伸"对话框；选项设置如图 8-19 所示，在产品内的固定板的"舌头"侧壁中间绘制图 8-20 所示草图并拉伸成实体，将该实体与外壳进行"减去"布尔运算，完成外壳零件内部凹槽的构建，结果如图 8-21 所示。此时得到的模型即为需要设计模具的产品零件，保存文件（使用"全部保存"命令）。

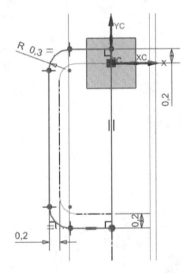

图 8-19

图 8-20

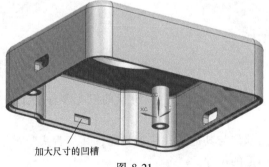

图 8-21

8.3　模具设计

注塑成型温度监测器外壳产品模型及其浇注系统如图 8-22 所示，其成型模具采用一模一腔结构和大水口浇注系统。

1. 模具分型设计

（1）加载产品　首先创建一个文件夹，命名为"温度监测器外壳模具"，将温度监测器外壳产品模型文件复制到该文件夹内。

单击"注塑模向导"选项卡中的小图标 ，弹出"部件名"对话框；在新建的"温度监测器外壳模具"文件夹中选择需要加载的产品模型文件"温度监测器外壳 . prt"，出现"初始化项目"对话框；选项设置如图 8-23 所示，单击"确定"按钮，视窗中出现产品模型。

图 8-22

（2）定义模具坐标系　单击"主要"工具栏中的小图标 ，弹出"模具坐标系"对话框；选项设置如图 8-24 所示，然后点选产品底面，再单击"确定"按钮，此时模具坐标系原点位于产品最大截面处的中间位置。

图 8-23

图 8-24

（3）定义成型镶件（模仁）　单击"主要"工具栏中的小图标 ，弹出"工件"对话框；根据赛场提供的镶件尺寸，修改相应参数，如图 8-25 所示，单击"绘制截面"图标，进入草图绘制环境，尺寸改动如图 8-26 所示，完成后回到"工件"对话框；单击"确定"按钮，完成模仁的加入。

图 8-25

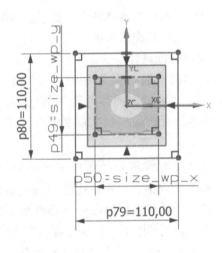

图 8-26

单击"主要"工具栏中的小图标 ⬚，弹出"型腔布局"对话框；单击对话框中的"编辑插入腔"图标，弹出"插入腔"对话框；选择"R"为"5"，"type"为"2"，单击"确定"→"关闭"按钮，加入开腔用的腔体，视窗图形如图 8-27 所示。暂时关闭插入的腔体节点。

（4）分型设计

1）为产品表面指派区域。使用 ☰ 菜单(M) ▾ →
"插入"→"细节特征"→"拔模"命令，对产品模型内、外竖直面进行拔模。注意：产品外面拔模时，以底面止口面为固定面，向内拔模 0.5°；产品内面拔模时，以内顶面为固定面，向外拔模 1°。

单击"分型刀具"工具栏中的小图标 ⬓，弹出图 8-28 所示对话框，单击"计算"图标。

选择"区域"选项卡，对话框如图 8-29 所示。单击"设置区域颜色"图标 ⬚，将产品的各个面设置为不同颜色。勾选"交叉竖直面"，再点

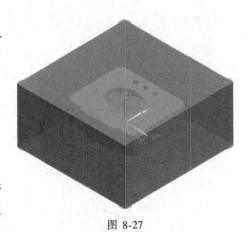

图 8-27

选侧孔的蓝色面，单击"应用"按钮，将这些区域指派到"型腔区域"。最后单击"确定"按钮，此时产品只呈现橙、蓝两种颜色。

2）修补产品碰穿孔。单击"分型刀具"工具栏中的小图标 ◈，弹出"边补片"对话框；选项设置如图 8-30 所示，然后点选产品图形，再单击"确定"按钮，完成修补产品碰穿孔的操作，结果如图 8-31 所示。

图 8-28

图 8-29

图 8-30

图 8-31

3）获取分型线。单击"分型刀具"工具栏中的小图标 ，弹出"定义区域"对话框；选项设置如图 8-32 所示，单击"确定"按钮。在分型导航器中将除了分型线之外的其他节点关闭，结果如图 8-33 所示。

4）创建分型面。单击"分型刀具"工具栏中的小图标 ，弹出"设计分型面"对话框；单击"确定"按钮，分型面如图 8-34 所示。

5）创建型芯、型腔。单击"分型刀具"工具栏中的小图标 ，弹出"定义型腔和型芯"对话框；选择"所有区域"，然后单击"确定"→"确定"→"确定"按钮，完成型芯、型腔的创建。

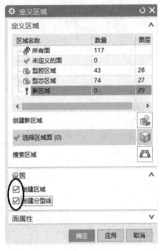

图 8-32

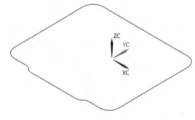

图 8-33

用鼠标右键单击装配导航器中的 parting 节点, 选择 "在窗口中打开父项"→top 节点, 打开总目录。双击装配导航器中的 top 节点, 将其设为工作部件。关闭所有节点, 然后打开 layout 节点下的 core 节点, 并使图形处于 top 视图和着色状态, 此时图形如图 8-35 所示; 若只打开 cavity 节点, 图形如图 8-36 所示。

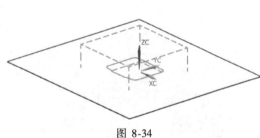

图 8-34

图 8-35

6) 制作侧抽芯滑块。利用右键快捷菜单将型腔 (cavity 节点) "在窗口中打开", 在设有孔的一个侧面上绘制草图, 如图 8-37 所示。

使用 "拉伸" 命令, 将草图拉伸至内凸起面, 如图 8-38 所示。

图 8-36

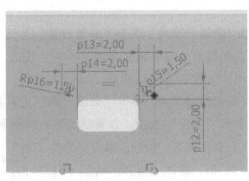

图 8-37

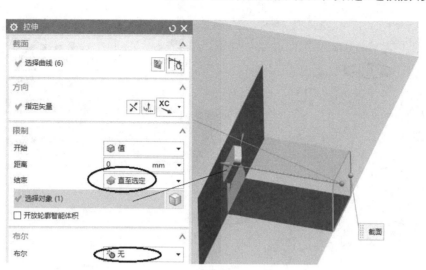

图 8-38

以同样的方法制作另一个侧面的侧抽芯滑块。

使用"减去"命令,以两个侧抽芯滑块为工具对型腔进行求差操作。注意勾选"保存工具"选项,如图 8-39 所示,单击"确定"按钮,结果如图 8-40 所示。

图 8-39

图 8-40

2. 加入标准件

(1)加载标准模架　单击"主要"工具栏中的小图标 ,弹出"模架库"对话框;再单击资源工具条中的小图标,弹出选择框;选项设置如图 8-41 所示,然后单击"确定"按钮,稍后完成标准模架的加载,出现图 8-42 所示图形。

使用"腔"命令,完成对模架 A 板、B 板的开腔操作,再将 pocket 节点"抑制"。

(2)加入定位环　单击"主要"工具栏中的小图标,弹出"标准件管理"对话框;再单击资源工具条中的小图标,弹出选择框;选项设置如图 8-43 所示,然后单击"确定"按钮,在模架顶部加入 $\phi 100$ mm 的定位环。

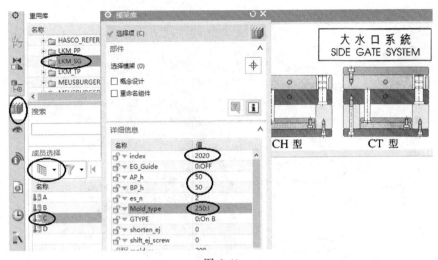

图 8-41

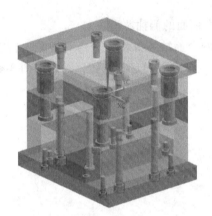

图 8-42

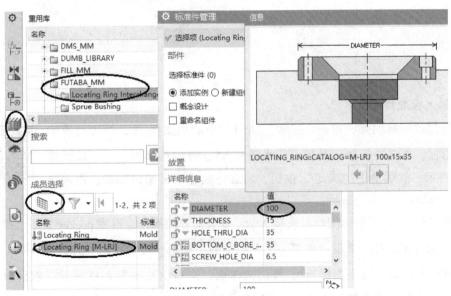

图 8-43

（3）加入浇口套　单击"主要"工具栏中的小图标，弹出"标准件管理"对话框；再单击资源工具条中的小图标，弹出选择框；选项设置如图 8-44 所示，然后单击"确定"按钮，在模架的上表面加入浇口套。

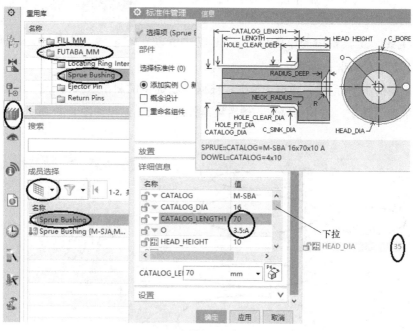

图 8-44

单击"注塑模工具"工具栏中的小图标，弹出"修边模具组件"对话框；选项设置如图 8-45 所示，然后点选浇口套为目标体，再单击"确定"按钮，完成对浇口套长度的修剪。

以定位环、浇口套为工具对模架定模座板和 A 板进行开腔操作，结果如图 8-46 所示。

图 8-45

图 8-46

3. 创建内、外侧抽芯组件

（1）加入侧滑块组件　关闭模架的定模节点，将坐标系原点移动到侧抽芯滑块侧边中点并使 Y 轴指向型芯内部，如图 8-47 所示。

图 8-47

单击"主要"工具栏中的小图标 🔧，出现"滑块和浮升销设计"对话框；再单击资源工具条中的小图标 📖，弹出选择框；根据赛场提供的斜滑块尺寸，选项设置如图 8-48 所示，然后单击"确定"按钮，完成一侧滑块组件的加入，结果如图 8-49 所示。

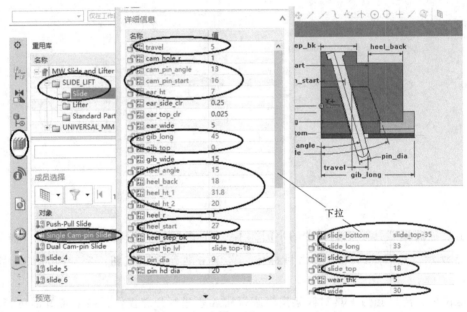

图 8-48

使用 🖳 菜单(M) ▾→"格式"→"WCS"→"WCS 设为绝对"命令，使坐标系原点回到原来位置。

（2）加入滑块侧滑动定位螺钉　单击工具栏中的 🔩，弹出"标准件管理"对话框；选项设置如图 8-50 所示，然后点选滑块滑动的垫板表面，单击"确定"按钮，弹出"标准件位置"对话框；输入点坐标（96，0），单击"确定"按钮，完成定位螺钉的加入，结果如图 8-51 所示。

图 8-49

（3）加入滑块组件与模架间的紧固螺钉

1）加入导轨与 B 板间的紧固螺钉。单击 🔩，弹出"标准件管理"对话框；选项设置如图 8-52 所示，点选滑块导轨的上表面为安装平面，单击"确定"按钮，弹出"标准件位置"对话框；分别输入 4 个绝对坐标（63，23）、（90，23）、（63，-26）、（90，-26），每输入一个坐标，单击"应用"按钮一次，加入 4 个 M4 的紧固螺钉。最后以创建的螺钉为工具对导轨进行开腔操作，结果如图 8-53 所示。

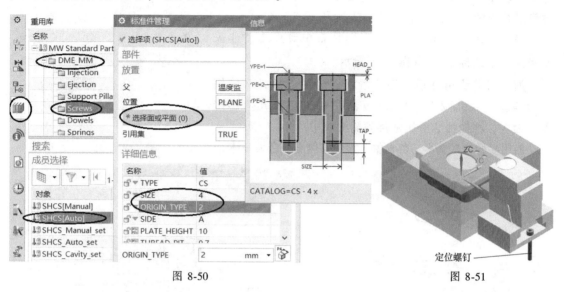

图 8-50　　　　　　　　　　　　　　　　　　图 8-51

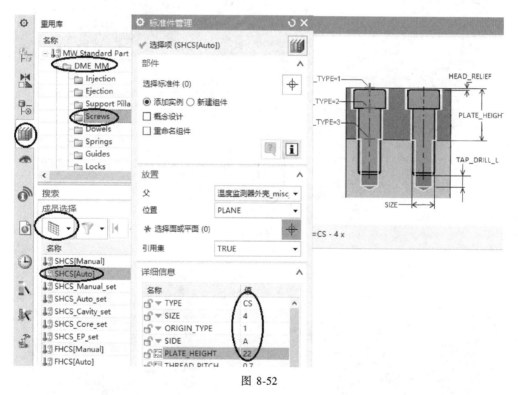

图 8-52

2）加入锁紧块与定模架的 t 板间的紧固螺钉。用同样的操作方法添加螺钉，选项设置如图 8-54 所示，选择模架的 t 板上表面为安装平面；在"标准件位置"对话框中输入坐标（85，6）、（85，-9），每输入一个坐标，单击"应用"按钮一次，加入 2 个 M5 的紧固螺钉，结果如图 8-55 所示。

使用 ⟰ 菜单(M) ▾→"装配"→"组件"→"镜像装配"
命令，以 YC-ZC 基准面为镜像平面，将滑块组件及紧固
螺钉进行镜像复制，结果如图 8-56 所示。

要注意在"镜像装配向导"对话框中要点选"非关
联镜像"小图标 🔲，如图 8-57 所示。

加入侧滑块组件后，将侧滑块设为工作部件，使用
⟰ 菜单(M) ▾→"插入"→"关联复制"→"WAVE 几何链接
器"命令，将侧抽芯滑块链接到侧滑块中。

使用"合并"命令，将侧抽芯滑块与侧滑块合为一体。

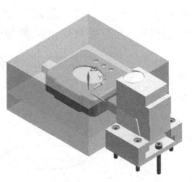

图 8-53

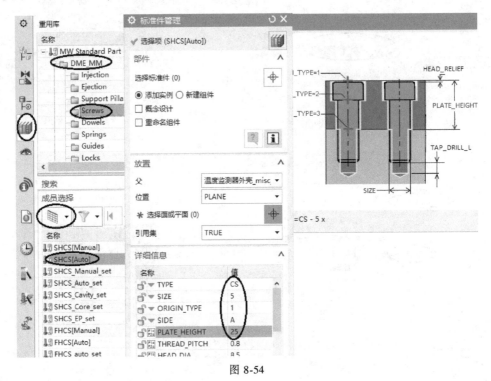

图 8-54

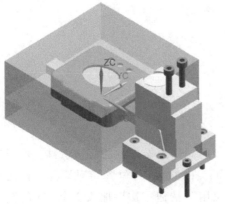

图 8-55

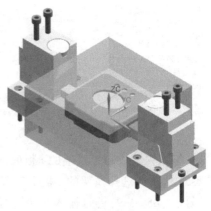

图 8-56

图 8-57

（4）创建斜顶组件

1）加入斜顶组件。关闭所有的组件节点，然后打开型芯节点（core）；将坐标系原点移至侧凸附近中点位置并使 Y 轴朝外，如图 8-58 所示。

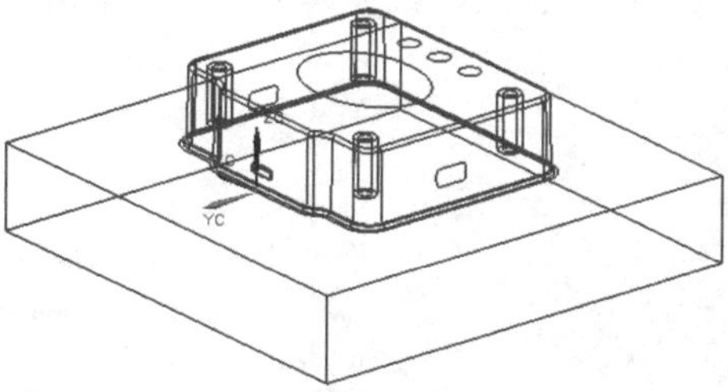

单击"主要"工具栏中的小图标 ，弹出"滑块和浮升销设计"对

图 8-58

话框；单击资源工具条中的小图标 ，弹出选择框；根据赛场提供的斜顶块尺寸，选项设置如图 8-59 所示，然后单击"确定"按钮，加入斜顶组件，结果如图 8-60 所示。

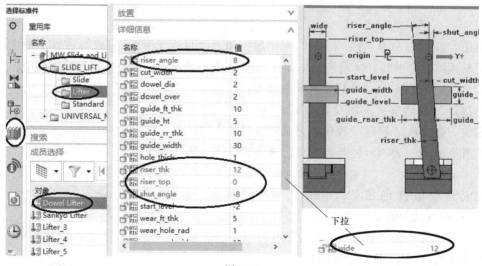

图 8-59

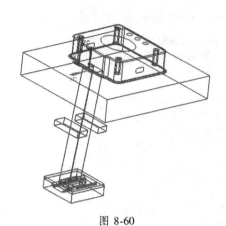

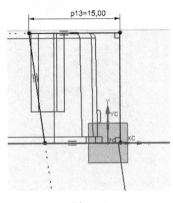

图 8-60　　　　　　　　　　　　　　　　　图 8-61

2）构建斜顶型芯块。首先将型芯节点设为工作部件，然后使用"拉伸"命令，在 YC-ZC 面绘制图 8-61 所示草图并将草图对称拉伸 6mm，结果如图 8-62 所示。

使用"相交"命令，在弹出的"相交"对话框中勾选"保存目标"，如图 8-63 所示，然后点选型芯为目标体，点选拉伸体为工具，单击"确定"按钮。

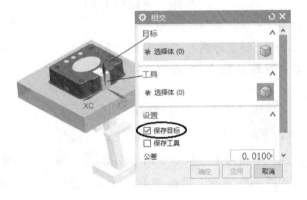

图 8-62　　　　　　　　　　　　　　　　　图 8-63

使用"减去"命令，在"求差"对话框中勾选"保存工具"，完成斜顶型芯块的创建。

将斜顶组件中的斜杆体设为工作部件。单击 菜单(M) ▾ →"插入"→"关联复制"→"WAVE 几何链接器"，弹出"WAVE 几何链接器"对话框；选项设置如图 8-64 所示，然后点选斜顶型芯块，再单击"确定"按钮，完成斜顶型芯块的链接。使用"合并"命令，将斜杆体与斜顶型芯块合成一体，结果如图 8-65 所示。

完成斜顶组件创建后，单击 菜单(M) ▾ →"格式"→"WCS"→"WCS 设为绝对"。

最后以侧滑块组件和斜顶组件为工具对模架、型芯和型腔进行开腔操作，结果如图 8-66 所示。

图 8-64

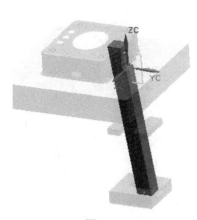

图 8-65

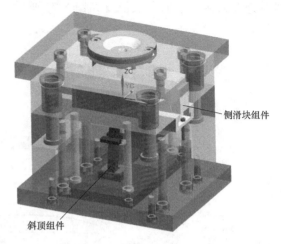

图 8-66

4. 顶出机构设计

（1）加入司筒（推管）顶出组件及中心顶杆　单击"主要"工具栏中的小图标 ，弹出"标准件管理"对话框；再单击资源工具条中的小图标 ，弹出选择框；选项设置如图 8-67 所示，然后单击"确定"按钮，弹出"点"对话框；点选 1 个型芯零件上的圆柱孔中心，然后单击"确定"按钮，加入 1 个司筒；以同样方法依次点选其他圆柱孔中心，再加入 3 个司筒，最后单击"取消"按钮退出对话框，完成 4 个司筒的加入，结果如图 8-68 所示。

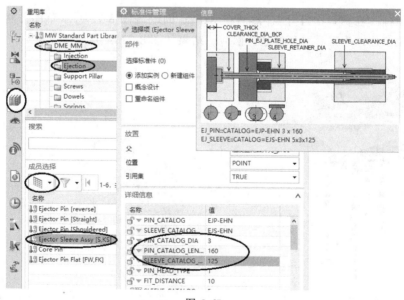

图 8-67

单击"主要"工具栏中的小图标 ，弹出"顶杆后处理"对话框；选项设置如图 8-69 所示，对加入的司筒进行修剪操作。另外，以相同方法加入一根 φ5mm 的中心顶杆，"标准件管理"对话框中的参数设置如图 8-70 所示，然后修剪中心顶杆并开腔，结果如图 8-71 所示。

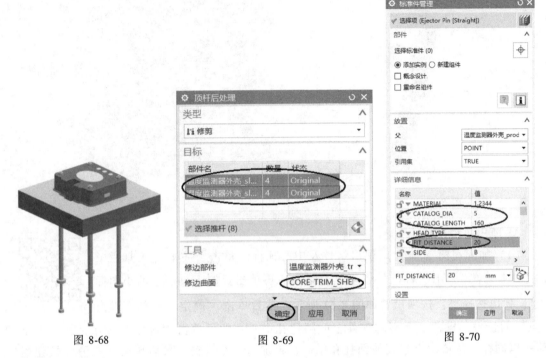

图 8-68　　　　　图 8-69　　　　　图 8-70

（2）修改中心顶杆　由于中心顶杆还起到拉出主浇道凝料的作用，所以需进行如下修改。

将中心顶杆"在窗口中打开"，然后在 XC-ZC 面绘制图 8-72 所示草图并将草图拉伸成片体，再以拉伸片体为工具对顶杆进行修剪，结果如图 8-73 所示。

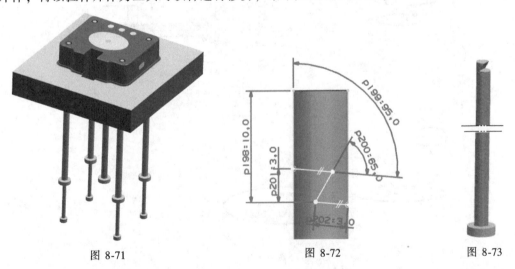

图 8-71　　　　　图 8-72　　　　　图 8-73

（3）加入司筒固定螺钉　单击"主要"工具栏中的小图标 ，弹出"标准件管理"对话框；再单击资源工具条中的小图标 ，弹出选择框；选项设置如图 8-74 所示，再点选

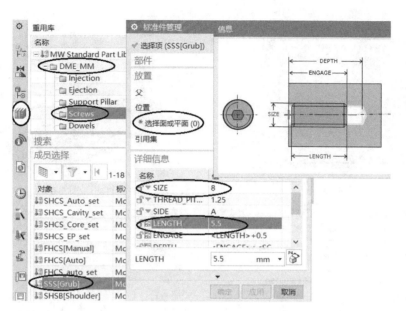

图 8-74

模架底面，单击"确定"按钮，弹出"标准件位置"对话框；点选司筒的底面圆心，然后单击"应用"按钮，在司筒底面加入固定螺钉；以同样的方法加入其余 3 个司筒固定螺钉。最后以固定螺钉和顶杆为工具对模架相关零件进行开腔操作，结果如图 8-75 所示。

5. 浇注系统设计

（1）添加浇口　关闭所有的零部件节点，再打开型芯节点。

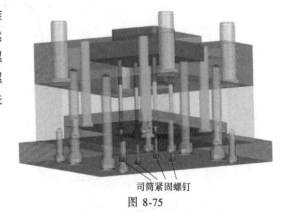

司筒紧固螺钉
图 8-75

使用 菜单(M) ▾→"插入"→"曲线"→"直线"命令，绘制一条通过圆心且平行于 YC 轴的直线，如图 8-76 所示。

使用 菜单(M) ▾→"插入"→"基准/点"→"点"命令，获得直线与椭圆相交的两个交点，如图 8-77 所示，这两个交点作为浇口位置的指定点。

单击"主要"工具栏中的小图标 ，弹出"设计填充"对话框；再单击资源工具条中的小图标 ，出现选择框；选项设置如图 8-78 所示，单击"选择对象"，然后点选椭圆上的一个交点，出现图 8-79 所示图形；单击动态坐标的旋转控制点，将浇口绕 ZC 轴旋转 90°，然后单击动态坐标的上下控制点，将浇口上移 1mm，如图 8-80 所示；再单击"设计填充"对话框中的"应用"按钮，完成一个浇口的加入。在"设计填充"对话框中单击"指定点"，如图 8-81 所示，再点选椭圆上的另一个交点，出现图 8-82 所示图形；分别点选动态坐标的旋转控制点及上下控制点，使浇口绕 ZC 轴旋转-90°及上移 1mm，然后单击"确定"按钮，完成浇口的加入。

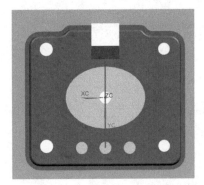

图 8-76

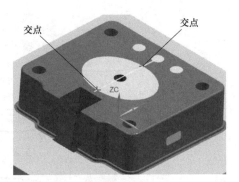

图 8-77

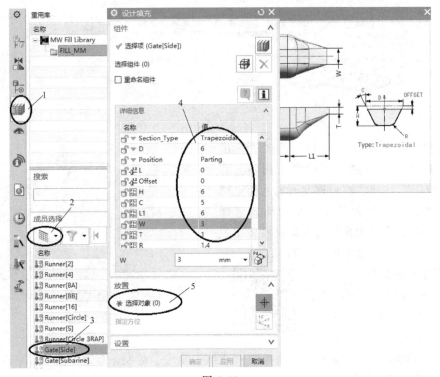

图 8-78

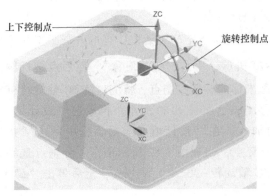

图 8-79

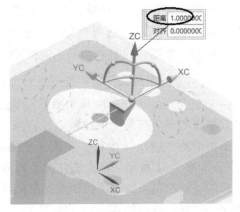

图 8-80

图 8-81

图 8-82

若在图中只看到一个浇口，则在装配导航器中重新打开 fill 节点即可。添加的两个浇口如图 8-83 所示。

（2）添加流道　首先将 fill 节点设为工作部件，然后单击"主要"工具栏中的小图标，弹出"流道"对话框；单击对话框中的图标，选浇口顶面为草图绘制面，绘制图 8-84 所示直线；完成草图后回到"流道"对话框；选项设置如图 8-85 所示，单击"确定"按钮，完成流道的创建，结果如图 8-86 所示。

图 8-83

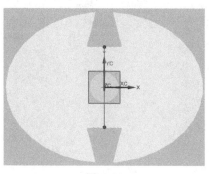

图 8-84

图 8-85

以浇注系统为工具对型芯、型腔及浇口套开腔，注意开腔时"工具类型"选"实体"，如图8-87所示。开腔后将浇注系统"抑制"。

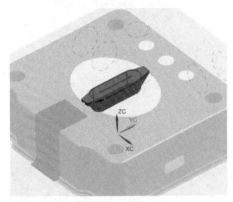

图 8-86

图 8-87

6. 添加紧固螺钉

（1）添加型腔与A板间的紧固螺钉　打开A板及型腔零件节点并关闭其他部件节点。

单击"主要"工具栏中的小图标 ，出现"标准件管理"对话框；再单击资源工具条中的小图标 ，弹出选择框；选项设置如图8-88所示，然后点选A板的顶面，再单击"确定"按钮，弹出"标准件位置"对话框；选项设置如图8-89所示，单击"应用"按钮，在A板顶面坐标（40，40）处出现螺钉；重复以上步骤，在坐标（-40，40）、（-40，-40）、（40，-40）处也加入螺钉，最后单击"确定"按钮，在A板上出现4个紧固螺钉。最后以螺钉为工具对A板和型腔零件进行开腔操作，结果如图8-90所示。

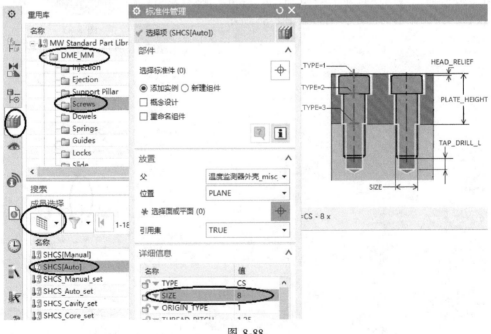

图 8-88

图 8-89

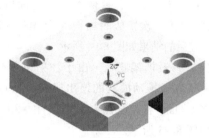

图 8-90

（2）添加型芯与 B 板间的紧固螺钉　以同样的方法在 B 板的 4 个角落处添加 4 个 M8 的螺钉。注意：在"标准件管理"对话框中设置参数选项时，将"PLATE_HEIGHT"的值设为"30"。

使用开腔命令，以螺钉为工具对 B 板和型芯零件进行开腔。

（3）添加斜顶组件与模架间的紧固螺钉

1）添加导轨与 B 板间的紧固螺钉。单击"主要"工具栏中的小图标 ，出现"标准件管理"对话框；再单击资源工具条中的小图标 ，弹出选择框；选项设置如图 8-91 所示，然后点选 B 板底面为安装平面，单击对话框"确定"按钮，弹出"标准件位置"对话框；分别输入 4 个绝对坐标（10，43）、（10，20）、（−10，43）、（−10，20），每输入一个坐标后，单击"应用"按钮一次，从而加入 4 个 M4 的紧固螺钉。开腔后的结果如图 8-92 所示。

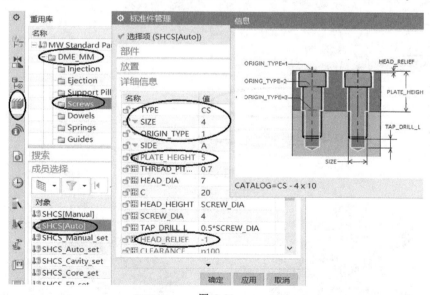

图 8-91

2）添加导轨盖板与 f 板间的紧固螺钉。单击"主要"工具栏中的小图标 ，出现"标准件管理"对话框；再单击资源工具条中的小图标 ，弹出选择框；选项设置如图 8-93 所示，点选斜顶导轨盖板上表面为安装平面，单击"确定"按钮，弹出"标准件位置"对话框；分别输入 4 个绝对坐标（13，-43）、（-13，-43）、（13，-23）、（-13，-23），每输入一个坐标后，单击"应用"按钮一次，从而加入 4 个 M4 的紧固螺钉。开腔后的结果如图 8-94 所示。

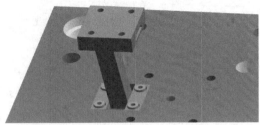

图 8-92

（4）修改模架底板　由于注射机顶杆需要通过模架底板推动模具的顶出机构，所以要在底板打孔。

将 l_plate 节点设置为工作部件，利用"孔"命令在底板中心处开设直径为 30mm 的孔，结果如图 8-95 所示。

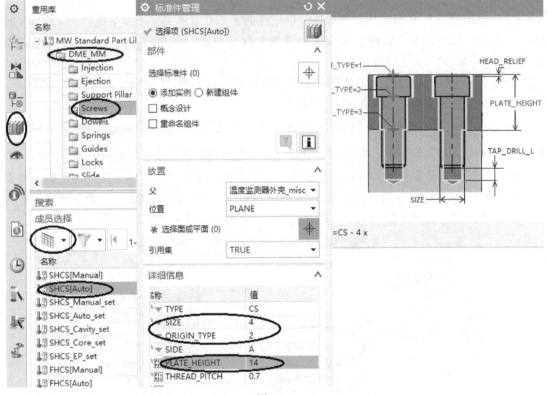

图 8-93

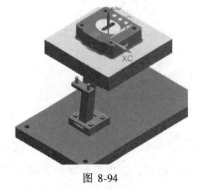

图 8-94

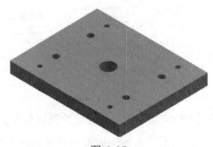

图 8-95

7. 冷却系统设计

（1）创建定模水道 关闭所有节点，然后打开型腔零件（cavity）节点，并将装配导航器中的 cool_side_a 节点设为工作部件，如图 8-96 所示。

单击"冷却工具"工具栏中的"水路图样"小图标 ，弹出"通道图样"对话框；选项设置如图 8-97 所示，单击"绘制截面"图标，弹出"创建草图"对话框；选项设置如图 8-98 所示，单击"确定"按钮，在分型面上方 27mm 处的平面内绘制图 8-99 所示草图。

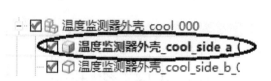

图 8-96

图 8-97

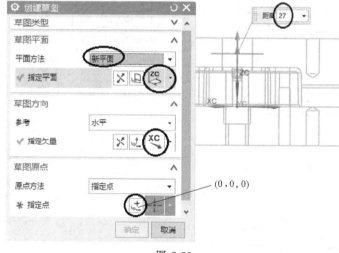

图 8-98

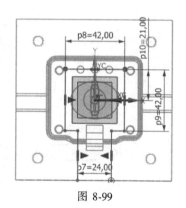

图 8-99

草图完成后，单击"通道图样"对话框中的"确定"按钮，完成水道的创建，结果如图 8-100 所示。

单击"冷却工具"工具栏中的"延伸水路"小图标 ，将水路修整成图 8-101 所示形式。

（2）加入管接头 在装配导航器中双击 cool 节点，将其设为工作部件。

单击"冷却工具"工具栏中的小图标 ，弹出"冷却组件设计"对话框；再单击资源工具条中的小图标 ，出现选择框；选项设置如图 8-102 所示，然后点选管接头的安装平面，单击"确定"按钮，弹出"标准件位置"对话框；再分别点选进、出水道的圆心（每点选一次圆心，单击一次"应用"按钮），最后单击"取消"按钮退出对话框，完成进、出水道管接头的加入，结果如图 8-103 所示。

图 8-100

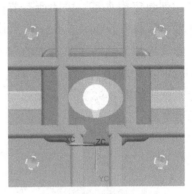

图 8-101

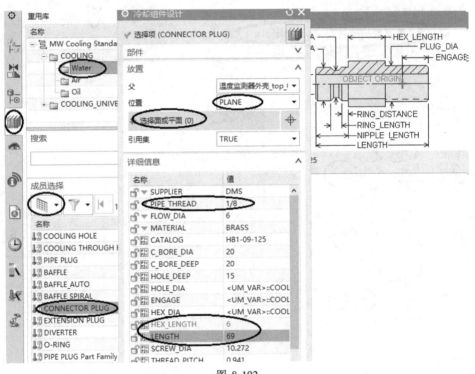

图 8-102

（3）加入堵头　单击"冷却工具"工具栏中的小图标 ，弹出"冷却组件设计"对话框；再单击资源工具条中的小图标 ，出现选择框；选项设置如图 8-104 所示，然后点选具有水道口的一个端面，单击"确定"按钮，弹出"标准件位置"对话框；捕捉水道口的圆心，单击"应用"按钮，加入一个堵头，若另一个堵头在同一端面上，则继续点选另一个水道口的圆心，再单击"应用"按钮，加

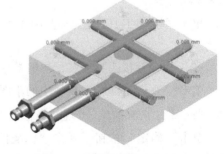

图 8-103

入另一个堵头；最后单击"取消"按钮退出对话框，完成一个端面上堵头的加入。

重复以上步骤，完成各个端面上堵头的加入。

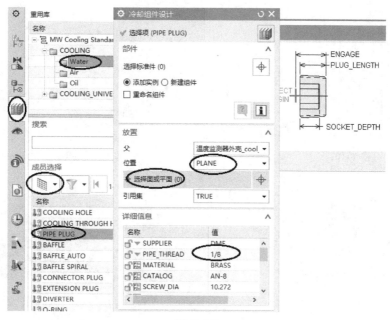

图 8-104

完整的定模冷却系统如图 8-105 所示。

使用"腔"命令，以冷却系统为工具，对型腔零件及模架 A 板进行开腔操作。开腔后将冷却水道"抑制"。

（4）创建动模水道　关闭所有节点，然后打开型芯零件（core）节点，并将装配导航器中的"cool_side_b"节点设为工作部件，如图 8-106 所示。

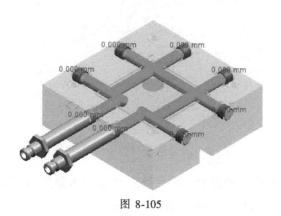

图 8-105

图 8-106

重复创建定模水道的步骤，在 XC-YC 基准面下方 10mm 的平面内绘制图 8-107 所示草图，完成草图后生成图 8-108 所示水道。

打开 B 板节点，重复以上步骤，在 XC-YC 基准面下方 30mm 的平面内绘制图 8-109 所示草图，完成草图后生成图 8-110 所示水道。

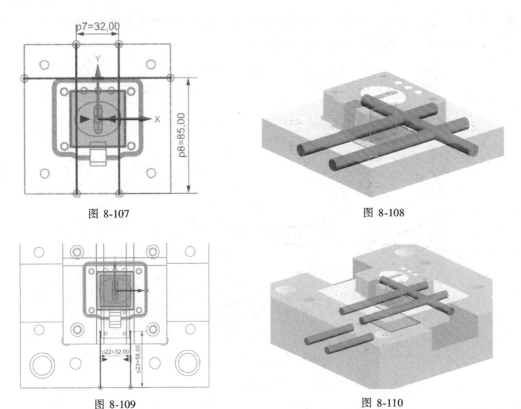

图 8-107

图 8-108

图 8-109

图 8-110

单击"冷却工具"工具栏中的"连接水路"小图标 ♪，弹出图 8-111 所示对话框；将 B 板上的水道作为"第一个通道"，型芯上的水道作为"第二个通道"，使水道相连，结果如图 8-112 所示。

图 8-111

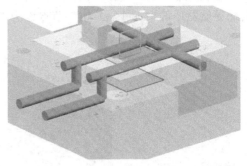

图 8-112

单击"冷却工具"工具栏中的"延伸水路"小图标 ＼，弹出"延伸水路"对话框；选项设置如图 8-113 所示，将 B 板上的水道向内延伸 5mm，结果如图 8-114 所示。

使用"腔"命令 ，以冷却水道为工具对型芯及 B 板进行开腔操作。完成后将冷却水道"抑制"。

（5）加入密封圈 单击"冷却工具"工具栏中的"冷却标准件库"小图标 ，弹出"冷却组件设计"对话框；再单击资源工具条中的小图标 ，出现选择框；选项设置如

图 8-113

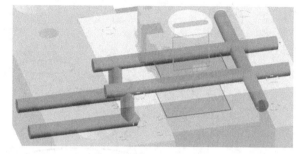

图 8-114

图 8-115 所示，然后点选型芯与 B 板的接触平面，单击"确定"按钮，出现"标准件位置"对话框；捕捉连接管的圆心，单击"应用"按钮，加入密封圈，结果如图 8-116 所示。

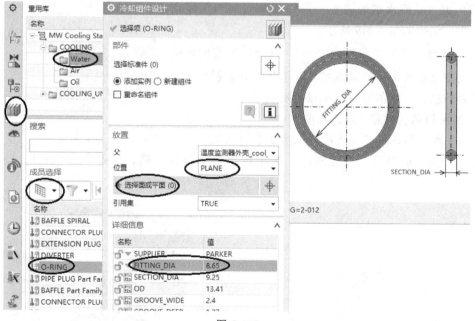

图 8-115

（6）加入动模水道的管接头　打开 B 板节点，再单击"冷却工具"工具栏中的小图标，弹出"冷却组件设计"对话框；再单击资源工具条中的小图标，出现选择框；选项设置如图 8-117 所示，然后点选 B 板上的水道口所在平面，单击"确定"按钮，出现"标准件位置"对话框；捕捉水道口的圆心，单击"应用"按钮，将管接头加入，结果如图 8-118 所示。

图 8-116

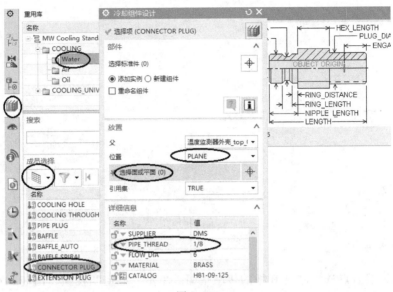

图 8-117

（7）加入动模水道的堵头　操作方法同加入定模水道的堵头，结果如图 8-119 所示。

（8）开腔　使用"腔"命令，以冷却系统的管接头、密封圈及堵头为工具对型芯与 B 板进行开腔操作。

模具的整体三维图形如图 8-120 所示。

8. 绘制型芯、型腔二维工程图

零件二维工程图的绘制方法详见第 2 章的 2.9。

本章中模具的型芯、型腔零件二维工程图绘制过程从略，结果如图 8-121、图 8-122 所示。

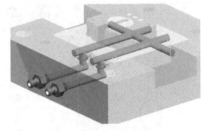

图 8-118

图 8-119

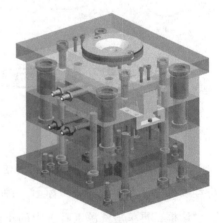

图 8-120

9. 绘制模具二维总装配图

模具二维总装配图的绘制方法详见第 2 章的 2.10。

本章中模具的二维总装配图绘制步骤从略，结果如图 8-123 所示。

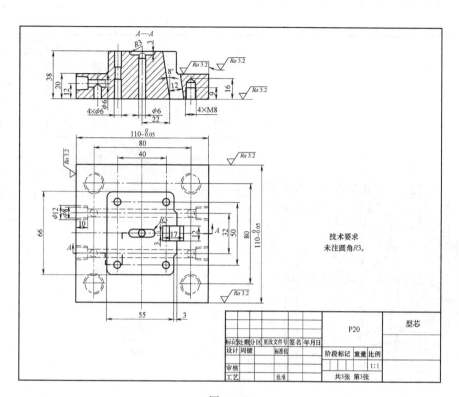

图 8-121

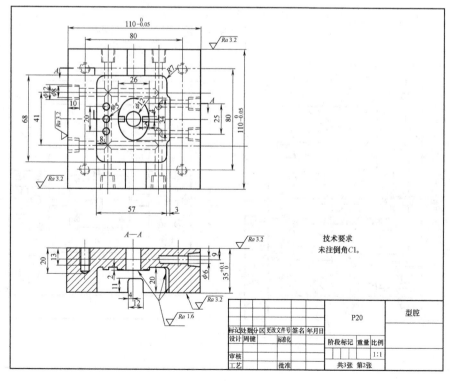

图 8-122

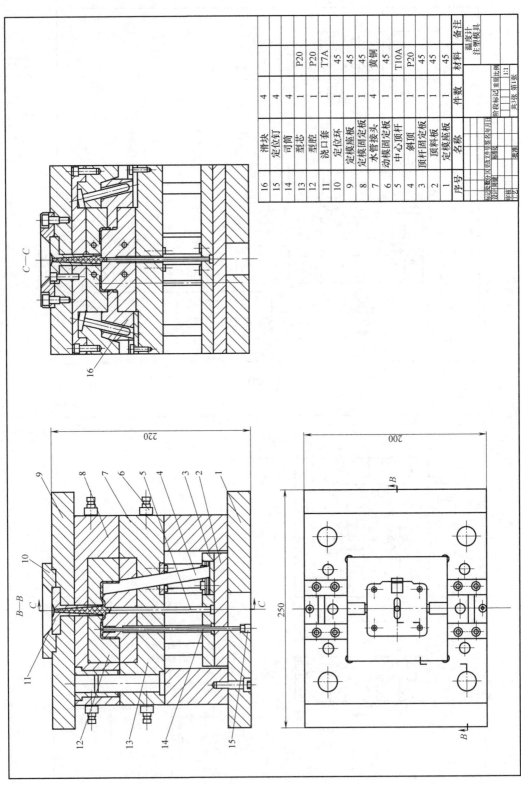

序号	名称	件数	材料	备注
16	滑块	4		
15	定位钉	4		
14	司筒	4		
13	型芯	1	P20	
12	型腔	1	P20	
11	浇口套	1	T7A	
10	定位环	1	45	
9	定模座板	1	45	
8	定模固定板	1	45	
7	水管接头	4	黄铜	
6	动模固定板	1	45	
5	斜顶	1	T10A	
4	中心顶杆	1	P20	
3	顶杆固定板	1	45	
2	顶料座板	1	45	
1	定模座板	1	45	

温度计注塑模具

阶段标记 重量 比例 1:1

共3张 第1张

设计

审核

工艺

图 8-123

8.4　竞赛样题（扫描二维码查看相关解答）

题一：

设计玩具小车（图 8-124）缺少的零件，要求与提供的模型相配合，组成一个完整的产品，并设计该缺少零件的注塑模具。

图 8-124

解答：

1. 产品零件设计

2. 产品零件模具分型设计

题二：

设计行车记录仪（图 8-125）缺少零件，要求与提供的模型相配合，组成一个完整的产品，并设计该缺少零件的注塑模具。

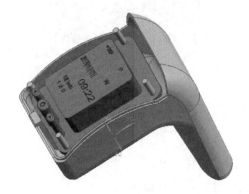

图 8-125

解答：

1. 产品零件设计

2. 产品零件模具分型设计

题三：

设计秒表（图 8-126）缺少的零件，要求与提供的模型相配合，组成一个完整的产品，并设计该缺少零件的注塑模具。

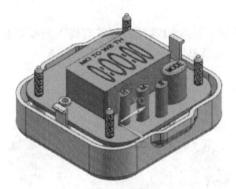

图 8-126

解答：

1. 产品零件设计

2. 产品零件模具分型设计

题四：

设计散热器（图 8-127）缺少的零件，要求与提供的模型相配合，组成一个完整的产品，并设计该缺少零件的注塑模具。

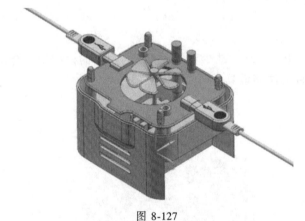

图 8-127

解答：

1. 产品零件设计

2. 产品零件模具分型设计

第9章
注塑模具分型设计实例

9.1 线路盒盖注塑模具分型设计

1. 加载产品

启动 UG NX12.0，进入 UG NX 软件操作界面；用鼠标右键单击屏幕上方工具栏的空白区域，弹出下拉菜单，在下拉菜单中勾选"注塑模向导"，此时在视窗上部的选项卡区出现"注塑模向导"。

单击"注塑模向导"中的小图标 🗎，弹出"部件名"对话框；选择文件"线路盒.prt"，单击"OK"按钮；在弹出的"初始化项目"对话框中输入项目存放的路径，在"材料"下拉列表中选"ABS"，然后单击"确定"按钮，视窗中出现线路盒盖产品模型。

2. 定义模具坐标系

首先使用"旋转"命令将坐标系绕 Y 轴旋转 90°，使得 Z 轴朝向注射机喷嘴方向；然后单击"主要"工具栏中的小图标 🗺，出现"模具坐标系"对话框，选项设置如图 9-1 所示，单击"确定"按钮，完成模具坐标系的设定。

3. 定义成型镶件（模仁）

单击"主要"工具栏中的小图标 ◈，出现"工件"对话框；默认对话框中的各个参数，单击"确定"按钮，完成成型腔镶件的加入，如图 9-2 所示。

图 9-1

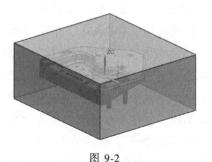

图 9-2

4. 创建分型面及型芯、型腔

1）单击"分型刀具"工具栏中的小图标 ⟁，弹出"检查区域"对话框；如图 9-3 所示，单击"计算"图标 ▤，完成区域的计算。

单击对话框上部的"区域"选项卡，此时对话框如图 9-4 所示；单击"设置区域颜色"图标 ▨，此时产品图形呈现橙、蓝、青三种颜色，橙色是型腔区域，蓝色是型芯区域，青色是未定义区域。

将未定义区域的"交叉竖直面"指派到"型芯区域"，将"未知的面"指派到"型腔区域"，最后使得产品图形只呈现橙、蓝两种颜色。

图 9-3

图 9-4

2）单击"分型刀具"工具栏中的"曲面补片"小图标 ◈，弹出"边补片"对话框；如图 9-5 所示，"类型"下拉选"体"，然后点选产品实体，再单击"确定"按钮，完成产品零件孔的补片。

3）单击"分型刀具"工具栏中的"定义区域"小图标 ⌇，弹出"定义区域"对话框；选项设置如图 9-6 所示，单击"确定"按钮，创建分型线。关闭图 9-7 所示分型导航器中的"产品实体"和"曲面补片"节点，此时视窗中只呈现分型线的图形，如图 9-7 所示。

单击"分型刀具"工具栏中的小图标 ⟫，弹出"设计分型面"对话框；如图 9-8 所示，先单击"编辑分型段"选项组中的"选择过渡曲线"图标，然后在分型线上选两段对称过渡曲线，如图 9-9 所示，单击"应用"按钮；继续在"设计分型面"对话框中设置选项，如图 9-10 所示，然后单击"应用"按钮，出现图 9-11 所示图形；再在对话框中修改选项，如图 9-11 所示，单击"确定"按钮，完成分型面的构建，结果如图 9-12 所示。

图 9-5

图 9-6

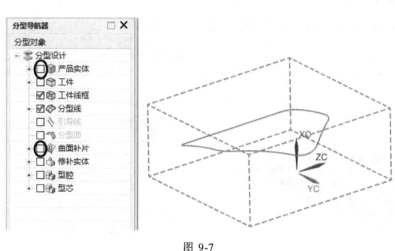

图 9-7

图 9-8

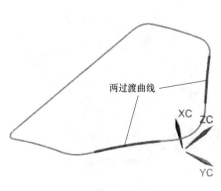

图 9-9

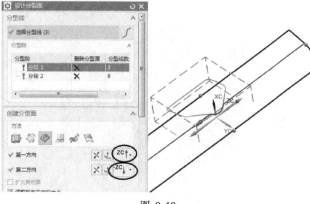

图 9-10

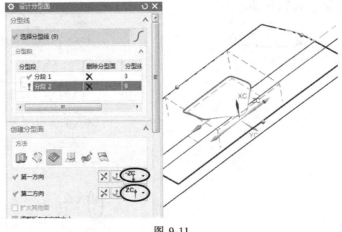

图 9-11

单击"分型刀具"工具栏中的小图标![]，弹出"定义型腔和型芯"对话框；选项设置如图 9-13 所示，单击"确定"→"确定"→"确定"按钮，完成型芯、型腔的创建。

关闭分型导航器，打开装配导航器；用鼠标右键单击 parting 节点，选择"在窗口中打开父项"→top 节点，图形如图 9-14 所示。

关闭所有节点，然后打开 cavity 节点，分型后的型腔如图 9-15 所示。

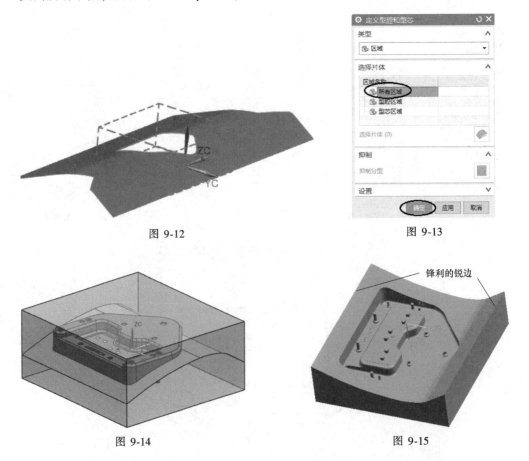

图 9-12

图 9-13

图 9-14

图 9-15

5. 侧抽芯滑块头设计

利用右键快捷菜单将 cavity 节点"在窗口中打开"。

使用"拉伸"命令，在有侧向小圆台的一侧端面绘制草图，通过将侧向凹台投影到草图基准面，绘制图 9-16 所示图形。

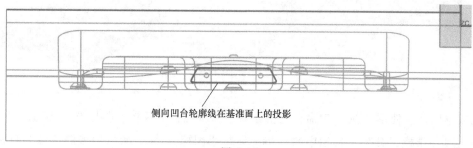

侧向凹台轮廓线在基准面上的投影

图 9-16

完成草图后，在"拉伸"对话框中设置选项，如图 9-17 所示，然后点选侧向小圆台顶面为"选择对象"，最后单击"确定"按钮。

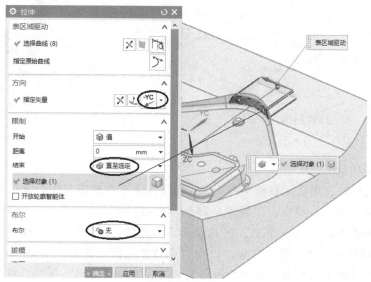

图 9-17

单击"减去"命令，弹出"求差"对话框；选项设置如图 9-18 所示，以型腔零件为目标，以侧向拉伸体为工具执行求差操作。

完成后的型腔零件如图 9-19 所示，隐藏主体，侧抽芯滑块头如图 9-20 所示。

6. 型芯、型腔零件修整

由于分型形成的型腔零件两锐边锋利，应当进行修整。

使用"在任务环境中绘制草图"命令，在型腔侧面绘制图 9-21 所示草图。

图 9-18

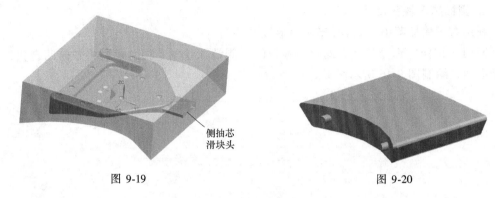

图 9-19   图 9-20

完成草图后，使用"拉伸"命令将两条短线对称拉伸成片体，如图 9-22 所示。

单击"注塑模工具"工具栏中的"拆分体"小图标 ，然后以型腔实体为目标，以两个拉伸片体为工具，将型腔上的两个锋利的锐角块与型腔零件分割开。

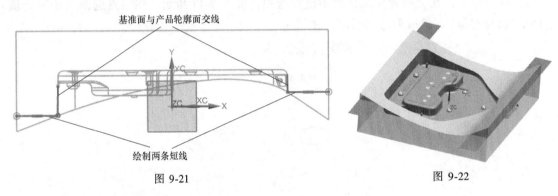

图 9-21   图 9-22

将两个片体移至另一图层。

在装配导航器中，用鼠标右键单击 cavity 节点，选择"在窗口中打开父项"→top 节点，回到根目录；再打开 core 节点，出现图 9-23 所示图形。

在装配导航器中双击 core 节点，将其设为工作部件。单击 菜单(M) ▾→"插入"→"关联复制"→"WAVE 几何链接器"命令，出现"WAVE 几何链接器"对话框；选项设置如图 9-24 所示，再点选图中两个分割出来的锐角块，然后单击"确定"按钮，将两个锐角块链

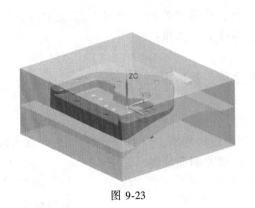

图 9-23

图 9-24

接到型芯零件上。

使用"合并"命令，将型芯零件与两个锐角块合成一个实体。

此时型芯零件如图 9-25 所示，型腔零件如图 9-26 所示。

图 9-25

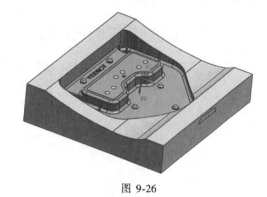

图 9-26

9.2　仪器罩注塑模具分型设计

1. 加载产品

单击"注塑模向导"选项卡中的小图标，在弹出的"部件名"对话框中双击文件"仪器罩 .prt"，弹出"初始化项目"对话框；设置"材料"为"PPO"，然后单击"确定"按钮，视窗中出现仪器罩产品模型。

2. 定义模具坐标系

单击"主要"工具栏中的小图标，出现"模具坐标系"对话框；选项设置如图 9-27所示，然后单击"确定"按钮，完成模具坐标系的设定。

3. 定义成型镶件（模仁）

单击"主要"工具栏中的小图标，出现"工件"对话框；默认对话框中的各项参数，单击"确定"按钮，完成型腔镶件的加入，结果如图 9-28 所示。

图 9-27

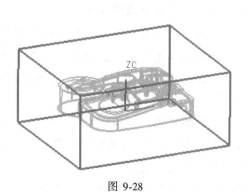

图 9-28

4. 修补曲面

单击 🖳 菜单(M) ▾ →"插入"→"网格曲面"→"通过曲线组",弹出图 9-29 所示对话框；选图 9-30 所示图形中的曲线 1，然后单击鼠标中键，再选曲线 2，最后单击"确定"按钮，在该缺口构建一个片体。

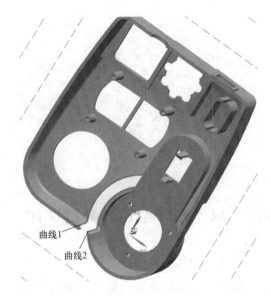

<table>
<tr><td>图 9-29</td><td>图 9-30</td></tr>
</table>

单击"分型刀具"工具栏中的小图标 ，出现"编辑分型面和曲面补片"对话框；点选刚建好的片体，然后单击"确定"按钮，完成该缺口的曲面补片操作。

5. 分型设计

(1) 区域分析　单击"分型刀具"工具栏中的小图标 🔺，出现图 9-31 所示对话框；单击"计算"图标，然后单击对话框中的"面"选项卡，出现图 9-32 所示对话框。

单击图 9-32 所示对话框中的"设置所有面的颜色"图标，模型中拔模斜度为零的面呈现灰色，对于较深长的灰色面，应该设置拔模斜度，如图 9-33 所示。

使用 🖳 菜单(M) ▾ →"插入"→"细节特征"→"拔模"命令，对灰色的深长竖直面拔模，内环面拔模 1°，外环面拔模 0.5°。

再次单击"分型刀具"工具栏中的小图标 🔺，出现"检查区域"对话框；单击"计算"图标，然后单击"面"选项卡，再单击"面拆分"按钮，弹出图 9-34 所示对话框；如图 9-35 所示，先点选"要分割的面"，单击鼠标中键后点选图 9-35 所示的分割线，然后单击"确定"按钮，完成面的分割。

单击"检查区域"对话框中的"区域"选项卡，出现图 9-36 所示对话框；单击"设置区域颜色"图标 🎨，这时模型呈现橙、蓝、青三种颜色，橙色是型腔区域，蓝色是型芯区域，青色是未定义区域。

在"检查区域"对话框中勾选"交叉竖直面"和"未知的面"，并点选"型芯区域"，

然后单击 "应用" 按钮, 从而将未定义的区域指派到 "型芯区域"。

图 9-31

图 9-32

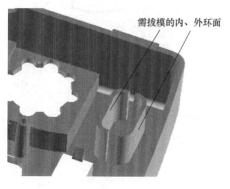

图 9-33

图 9-34

另外, 蓝色区域没有连成一个区域, 所以点选 "型腔区域", 然后选模型外侧的蓝色区域及模型侧方孔的蓝色区域, 单击 "应用"→"取消" 按钮, 将这些区域指派到 "型腔区域"。此时, 模型中呈现橙色、蓝色的区域都各自成为连通区域。

(2) 破口补片 单击 "分型刀具" 工具栏中的小图标 , 弹出 "边补片" 对话框; 在 "类型" 下拉列表中选 "体", 然后选模型实体图形, 再单击 "确定" 按钮, 完成模型上所有孔的补片操作 (有可能会留下 1~2 处没补上), 如图 9-37 所示。

若出现图 9-37 所示没补上或补反了的情况，则需删除相应的片体，再单击小图标，弹出"边补片"对话框；选项设置如图 9-38 所示（注意单击"反向"图标 ），这样就能补好全部破口，结果如图 9-39 所示。

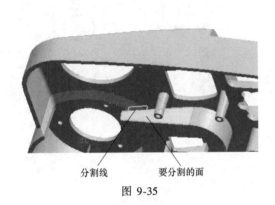

分割线　　要分割的面

图 9-35

图 9-36

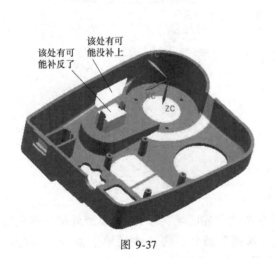

该处有可
能没补上

该处有可
能补反了

图 9-37

图 9-38

（3）提取分型线　单击"分型刀具"工具栏中的小图标 ，出现"定义区域"对话框；在"设置"选项组中勾选"创建区域"和"创建分型线"，然后单击"确定"按钮，即提取分型线。在分型导航器中关闭"产品实体"节点，视窗中的分型线如图 9-40 所示。

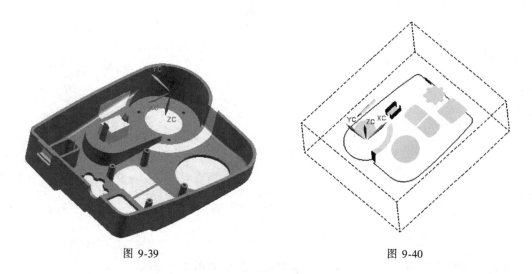

图 9-39　　　　　　　　　　　　　　　　　图 9-40

（4）创建分型面　单击"分型刀具"工具栏中的小图标 ，弹出"设计分型面"对话框；如图 9-41 所示，单击"编辑分型线"图标，然后点选图 9-41 所示小段线，再单击"应用"按钮。

在"设计分型面"对话框中单击"选择分型或引导线"图标，如图 9-42 所示，再在图形区域点选两个过渡点，如图 9-43 所示，得到两条引导线，然后单击"应用"→"应用"→"应用"→"取消"按钮，完成分型面的创建，结果如图 9-44 所示。

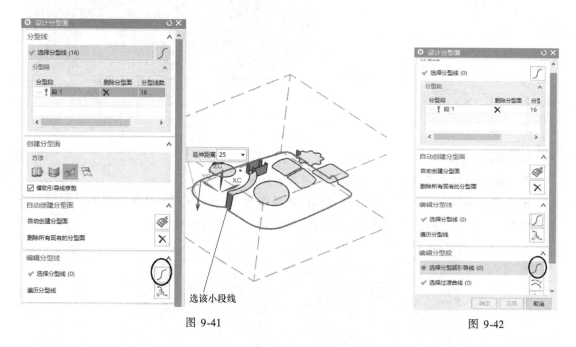

选该小段线

图 9-41　　　　　　　　　　　　　　　　　图 9-42

（5）创建型芯、型腔　单击模具"分型刀具"工具栏中的小图标 ，弹出如图 9-45 所示的对话框；选择"所有区域"，然后单击"确定"→"确定"→"确定"按钮，完成型芯、型腔的创建。

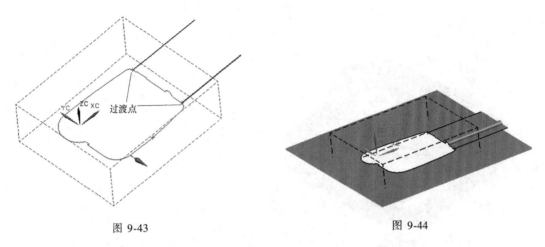

图 9-43　　　　　　　　　　　　　　　图 9-44

单击主菜单中的小图标 窗口 ▾→top 节点，图形如图 9-46 所示。

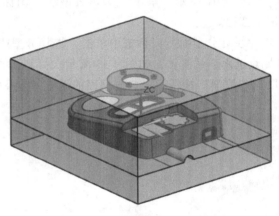

图 9-45　　　　　　　　　　　　　　　图 9-46

6. 抽取侧滑块

用鼠标右键单击型腔节点，选择"在窗口中打开"。

单击"拉伸"命令，然后选有侧方孔的面绘制草图。进入草图绘制界面后，使用"投影曲线"命令 📑，将侧方孔的轮廓投影到草图平面上，如图 9-47 所示。

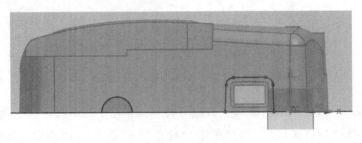

图 9-47

完成草图绘制后，回到"拉伸"对话框；选项设置如图 9-48 所示，然后点选型腔中的侧凸台顶面为"选择对象"，如图 9-48 所示，单击"确定"按钮，完成拉伸操作。

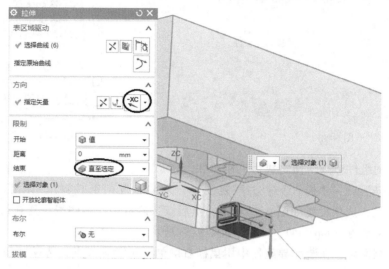

图 9-48

单击"减去"命令，在弹出的"求差"对话框中勾选"保存工具"，然后点选型腔为目标，点选创建的拉伸体为工具，单击"确定"按钮，完成求差操作。

回到根目录，双击 prod 节点，使之成为工作部件；单击 菜单(M) ▾ →"装配"→"组件"→"新建"，弹出图 9-49 所示对话框；输入新文件名（如"侧滑块"），单击"确定"按钮，弹出图 9-50 所示对话框；单击"确定"按钮，在 prod 节点下建立新的组件节点，如图 9-51 所示。

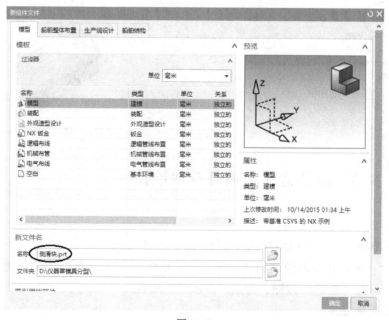

图 9-49

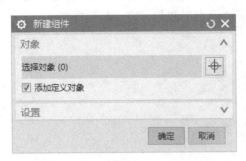

图 9-50

图 9-51

双击新建的组件节点,使之成为工作部件。

单击 菜单(M) ▼ →"插入"→"关联复制"→"WAVE 几何链接器",弹出"WAVE 几何链接器"对话框;选项设置如图 9-52 所示,然后点选侧滑块,将侧滑块复制到新节点。

打开最高父节点(top 节点),图形如图 9-53 所示。

若仍不见侧滑块,在装配导航器中用鼠标右键单击侧滑块节点,选择"替换引用集"→"MODEL",即可显现侧滑块,如图 9-54 所示。

图 9-52

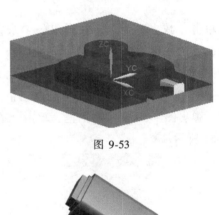

图 9-53

图 9-54

9.3 玩具盒注塑模具分型设计

1. 加载产品

单击"注塑模向导"选项卡中的小图标 ,在弹出的"部件名"对话框中双击文件"玩具盒 . part";接着在弹出的"初始化项目"对话框中输入项目存放的"路径",并选定"材料",然后单击"确定"按钮,完成产品模型的加载。

2. 定义模具坐标系

单击"主要"工具栏中的小图标 ,在弹出的对话框中选择"产品实体中心"和"锁定 Z 位置"，然后单击"确定"按钮，完成模具坐标系的设定。

3. 定义成型镶件（模仁）

单击"主要"工具栏中的小图标 ⬦，出现"工件"对话框；默认对话框中的各项参数，单击"确定"按钮，完成型腔镶件的加入。

4. 分型设计

（1）区域分析　单击"分型刀具"工具栏中的小图标 ⏢，出现"检查区域"对话框；如图 9-55 所示，单击对话框中的"计算"图标 🗏，稍后再单击"区域"选项卡；如图 9-56 所示，单击"设置区域颜色"图标，然后勾选"交叉竖直面"，点选"型芯区域"，再单击"应用"按钮，将未定义区域指派到型芯区域。

图 9-55

图 9-56

在图 9-56 所示对话框中点选"型腔区域"，然后点选模型 X 轴正方向侧凹孔的各个侧面，然后单击"确定"按钮，将其指派到型腔区域。

（2）破口自动补片　单击"分型刀具"工具栏中的小图标 ◇，弹出"边补片"对话框；在"类型"下拉列表中选"体"，然后选模型实体，再单击"确定"按钮，完成对模型上的所有破口的补片操作。

（3）提取分型线　单击"分型刀具"工具栏中的小图标 〰，出现图 9-57 所示对话框；在"设置"选项组中勾选"创建区域"和"创建分型线"，然后单击"确定"按钮，即提取了分型线。在分型导航器中关闭产品实体节点，此时视窗中可看到分型线的图形，如图 9-58 所示。

（4）创建分型面　单击"分型刀具"工具栏中的小图标 ⬙，弹出"设计分型面"对话框；单击"确定"按

图 9-57

钮，完成分型面的创建，如图9-59所示。

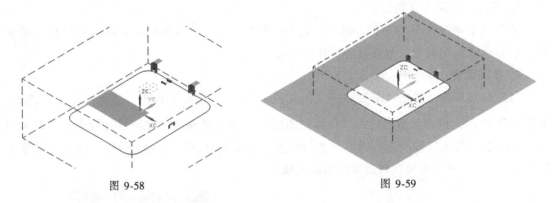

图 9-58   图 9-59

（5）创建型芯、型腔 单击模具"分型刀具"工具栏中的小图标，弹出图9-60所示的对话框；点选"所有区域"，然后单击"确定"→"确定"→"确定"按钮，完成型芯、型腔的创建。

单击主菜单中的窗口 ▼→"top节点"，此时出现图9-61所示图形。

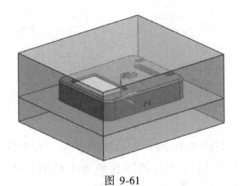

图 9-60   图 9-61

5. 抽取侧滑块

（1）抽取型腔外滑块 鼠标右键单击型腔（cavity）节点，选择"在窗口中打开"。

使用"拉伸"命令，选有侧凹孔的面绘制草图。进入草图绘制界面后，使用"投影曲线"命令，将侧凹孔的轮廓投影到基准面上，得到图9-62所示草图。

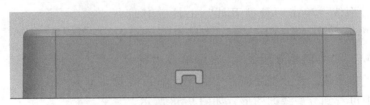

图 9-62

完成草图绘制后，回到"拉伸"对话框；设置"指定矢量"为"-XC"，"结束"为

"直至选定","选择对象"为型腔内侧凸块的端面,
单击"确定"按钮,结果如图 9-63 所示。

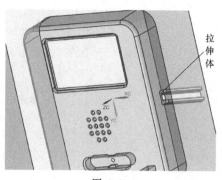

　　使用"减去"命令,以型腔零件为目标,以新创
建的拉伸实体为工具,并勾选"保存工具",完成求
差操作。

　　回到根目录,打开装配导航器,用鼠标右键单击
空白处,然后勾选"WAVE 模式"。再用鼠标右键单击
cavity 节点,选择"WAVE"→"新建层",如图 9-64 所
示,弹出"新建层"对话框;如图 9-65 所示,单击
"指定部件名"按钮,在弹出的"选择部件名"对话

图 9-63

框中输入"文件名"(如"外侧抽芯头"),然后单击"OK"按钮,回到"新建层"对话
框;点选拉伸体后再单击"确定"按钮,从而将拉伸体复制到新的节点"外侧抽芯头"中,
如图 9-66 所示。

图 9-64

图 9-65

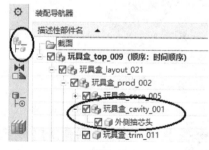

图 9-66

　　在装配导航器中用鼠标右键单击 cavity 节点,选
择"替换引用集"→"CAVITY",将型腔零件的原拉伸
体隐藏。

　　(2)抽取型芯内抽芯滑块头　鼠标右键单击型芯
零件(core)节点,选择"在窗口中打开"。

　　使用"拉伸"命令,选图 9-67 所示平面绘制草图。
如图 9-68 所示,草图形状为长方形,高为 10mm,宽度
为模型中间需要内抽芯的宽度,拉伸距离为 10mm。

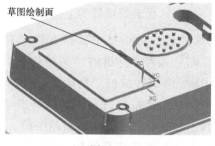

图 9-67

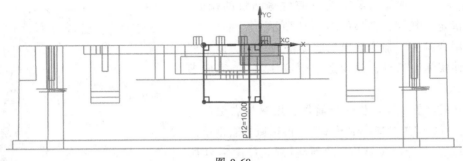

图 9-68

使用"相交"命令，以型芯零件为目标体，以新创建的拉伸体为工具，并勾选"保存目标"，完成"相交"操作。

使用"减去"命令，以型芯零件为目标体，以新创建的相交体为工具，并勾选"保存工具"，完成求差操作，结果如图 9-69 所示。

用与建立型腔零件侧滑块同样的方法，在 core 节点下建立新组件，命名为"内侧抽芯头"，并将新创建的拉伸实体复制到该节点中，同时将原始拉伸体隐藏。

将型芯、型腔及内、外抽芯块分离，结构如图 9-70 所示。

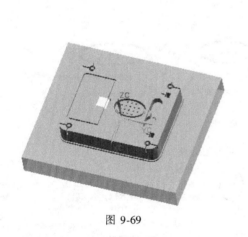

图 9-69

图 9-70

9.4　按摩器配对件注塑模具分型设计

1. 加载产品

（1）加载按摩器的上盖部件　单击"注塑模向导"选项卡中的小图标，在弹出的"部件名"对话框中选择文件"按摩器上盖 .prt"；接着在弹出的"初始化项目"对话框中输入项目存放的"路径"，在"材料"下拉列表中选择相应材料，然后单击"确定"按钮，视窗中出现图 9-71 所示图形。

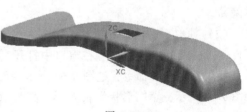

图 9-71

（2）加载按摩器的下盖部件　单击"注

塑模向导"选项卡中的小图标，在弹出的"部件名"对话框中选择文件"按摩器下盖.prt"；接着弹出"部件名管理"对话框，如图 9-72 所示，单击"确定"按钮，此时视窗中出现图 9-73 所示图形。

2. 定义模具坐标系

（1）定义上盖部件的模具坐标系　单击"主要"工具栏中的小图标，出现"多腔模设计"对话框；选项设置如图 9-74 所示，然后单击"确定"按钮，将上盖部件设为工作部件。在装配导航器中将下盖部件节点关闭。

使用"格式"→"WCS"→"原点"命令，将坐标系原点移至图 9-75 所示位置。

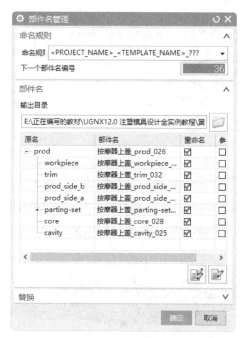

图 9-72

图 9-73

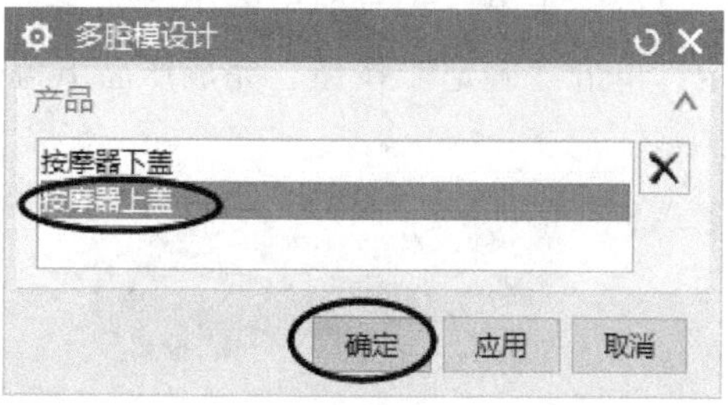

图 9-74

单击"主要"工具栏中的小图标，出现"模具坐标系"对话框；选项设置如图 9-76 所示，单击"确定"按钮，完成产品上盖部件模具坐标系的确定，结果如图 9-77 所示。

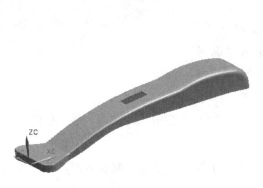

图 9-75

图 9-76

（2）定义下盖部件的模具坐标系　单击"主要"工具栏中的小图标 ▦，出现"多腔模设计"对话框；如图 9-78 所示，选择"按摩器下盖"，然后单击"确定"按钮，将下盖部件设为工作部件。在装配导航器中将上盖部件节点关闭，如图 9-79 所示。注意：装配导航器中有两个"按摩器上盖"，其中一个实际为下盖部件节点。

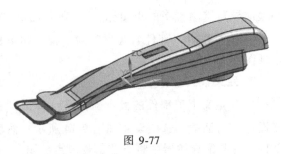

图 9-77

图 9-78

图 9-79

使用"旋转"命令 ↻ 和"原点"命令 ↳，将坐标系原点移至图 9-80 所示位置。

单击"主要"工具栏中的小图标 ↳，出现"模具坐标系"对话框；选项设置如图 9-76 所示，单击"确定"按钮，完成产品下盖部件模具坐标系的确定，结果如图 9-81 所示。

图 9-80

图 9-81

3. 定义成型镶件（模仁）

（1）定义上盖部件的成型镶件　单击"主要"工具栏中的小图标 ▦，在弹出的对话框中选择"按摩器上盖"，将其设为工作部件。

单击"主要"工具栏中的小图标 ◇，出现"工件"对话框；默认对话框中的各项参数，单击"确定"按钮，完成上盖部件成型镶件的加入，结果如图 9-82 所示。

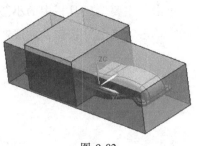

图 9-82

（2）定义下盖部件的成型镶件　单击"主要"工具栏中的小图标 ▦，在弹出的对话框中选择"按摩器下盖"，将其设为工作部件。

单击"主要"工具栏中的小图标 ◇，出现"工件"对话框；默认各项参数，单击"确定"按钮，完成下盖部件成型镶件的加入，此时视窗中上、下两块成型镶件尺寸一致并重叠在一起，如图 9-83 所示。

（3）定义布局　单击"主要"工具栏中的小图标，出现"型腔布局"对话框；如图 9-84 所示，单击"变换"图标，出现"变换"对话框；选项设置如图 9-85 所示，然后点选点 1 为"指定出发点"，点选点 2 为"指定目标点"，如图 9-86 所示；单击"确定"按钮返回"型腔布局"对话框；再单击"自动对准中心"图标，将模具坐标系移至模具中心，最后单击"关闭"按钮，完成型腔的布局，如图 9-87 所示。

图 9-83

图 9-84

图 9-85

图 9-86

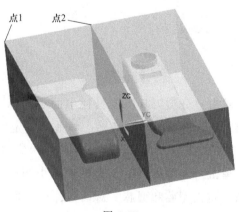

图 9-87

4. 创建型芯、型腔

（1）创建上盖部件的型芯、型腔　单击"主要"工具栏中的小图标，在弹出的对话框中选择"按摩器上盖"，将其设为工作部件。

单击"分型刀具"工具栏中的小图标，弹出"检查区域"对话框；单击"计算"图标，稍后单击"区域"选项卡；如图 9-88 所示，先单击"设置区域颜色"图标，再勾选"交叉竖直面"及点选模型外表面，单击"应用"按钮，将其指派到"型腔区域"；然后选上盖的方孔侧面，点选"型芯区域"，单击"确定"按钮，将其指派到"型芯区域"。

单击"分型刀具"工具栏中的小图标，弹出"边补片"对话框；在"类型"下拉列表中选择"体"，然后点选模型实体，再单击"确定"按钮，完成模型上方孔的补片，结果如图 9-89 所示。

单击"分型刀具"工具栏中的小图标，弹出"定义区域"对话框；在"设置"选项组中勾选"创建区域"和"创建分型线"，然后单击"确定"按钮，完成分型线的提取。关闭产品实体节点，视窗中的分型线如图 9-90 所示。

图 9-88

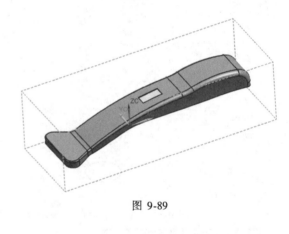

图 9-89

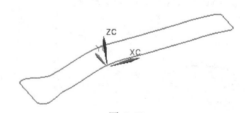

图 9-90

单击"分型刀具"工具栏中的小图标，弹出"设计分型面"对话框；单击"确定"按钮，完成分型面的创建，结果如图 9-91 所示。

单击"分型刀具"工具栏中的小图标，弹出"定义型腔和型芯"对话框；在"区域名称"选项组中选择"所有区域"，然后单击

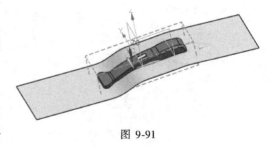

图 9-91

"确定"→"确定"→"确定"按钮，完成上盖部件型芯、型腔的创建。

单击主菜单中的"窗口"→top 节点，视窗中的图形如图 9-92 所示。

（2）创建下盖部件的型芯、型腔 单击"主要"工具栏中的小图标 ，在弹出的对话框中选择"按摩器下盖"，将其设为工作部件。

单击"分型刀具"工具栏中的小图标 ，弹出"检查区域"对话框；单击"计算"图标 ，稍后再单击"区域"选项卡；先单击"设置区域颜色"，再勾选"交叉竖直面"并点选模型外表面，单击"应用"按钮；然后选模型圆孔内环面，将其指派到"型芯区域"。

单击"分型刀具"工具栏中的小图标 ，弹出"边补片"对话框；在"类型"下拉列表中选择"体"，然后点选模型实体，再单击"确定"按钮，完成模型上方孔及圆孔的补片，结果如图 9-93 所示。

图 9-92

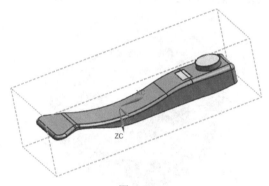
图 9-93

单击"分型刀具"工具栏中的小图标 ，弹出"定义区域"对话框；在"设置"选项组中勾选"创建区域"和"创建分型线"，再单击"确定"按钮，完成分型线的提取。

单击"分型刀具"工具栏中的小图标 ，弹出"设计分型面"对话框；单击"确定"按钮，完成分型面的创建，结果如图 9-94 所示。

单击"分型刀具"工具栏中的小图标 ，弹出"定义型腔和型芯"对话框；在"区域名称"选项组中选择"所有区域"，然后单击"确定"→"确定"→"确定"按钮，完成下盖部件型芯、型腔的创建。

单击主菜单中的"窗口"→top 节点，视窗中的图形如图 9-95 所示。

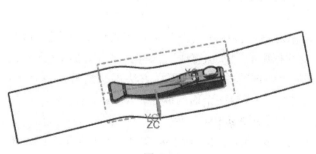
图 9-94

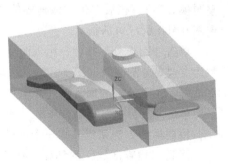
图 9-95

9.5 轮毂注塑模具分型设计

1. 加载产品

单击"注塑模向导"选项卡中的小图标 ，在弹出的"部件名"对话框中选择文件"轮毂.prt"；接着在弹出的"初始化项目"对话框中输入项目存放的路径并选定"材料"，然后单击"确定"按钮，视窗中出现轮毂产品模型。

2. 定义模具坐标系

使用"旋转"命令将坐标系绕 XC 轴旋转 180°，使 ZC 轴指向上方，结果如图 9-96 所示。

单击"主要"工具栏中的小图标 ，出现"模具坐标系"对话框；选项设置如图 9-97 所示，然后单击"确定"按钮，完成模具坐标系的确定。

图 9-96

图 9-97

3. 定义成型镶件（模仁）

单击"主要"工具栏中的小图标 ，出现"工件"对话框；默认对话框中的各项参数，单击"确定"按钮，完成成型镶件的加入，结果如图 9-98 所示。

4. 分型设计

（1）区域分析 单击"分型刀具"工具栏中的小图标 ，出现"检查区域"对话框；如图 9-99 所示，单击"计算"图标（注意可单击"反向"图标 调整脱模方向），稍后单击对话框中的"面"选项卡，出现图 9-100 所示对话框。

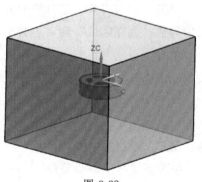

图 9-98

单击"面拆分"按钮，出现图 9-101 所示对话框；在"类型"下拉列表中选"曲线/边"，然后点选要分割的面（图 9-102），再单击对话框中的"添加直线"图标，弹出图 9-103 所示的对话框；在要分割的面上画一条直线，单击"确定"按钮；用同样方法再添加另一条直线；最后单击"拆分面"对话框中的"应用"按钮，完成第一个面的拆分。

用同样的方法完成其他三个面的拆分，结果如图 9-104 所示。

回到"检查区域"对话框，单击"区域"选项卡，出现图 9-105 所示对话框。首先单击"设置区域颜色"图标 ，这时模型呈现橙、蓝、青三种颜色，型腔区域为橙色，型芯区域为蓝色，未定义区域为青色。

图 9-99

图 9-100

图 9-101

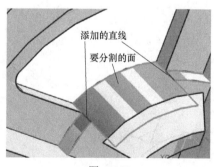

图 9-102

如图 9-105 所示，勾选"交叉竖直面"和"未知的面"，然后点选"型腔区域"，单击"应用"按钮，将未定义的区域消除。

另外，将刚拆分的小矩形块全部选中，再点选"型芯区域"，单击"应用"按钮，结果如图 9-106 所示。

（2）创建片体 单击"拉伸"命令，弹出"拉伸"对话框；选项设置如图 9-107 所示，在线条选择器中选择"相切曲线"（ ），然后点选图 9-108 所示曲线及延伸结束面，单击"确定"按钮，结果如图9-109所示。

图 9-103

图 9-104

图 9-105

图 9-106

　　使用 菜单(M) ▼→"插入"→"曲面"→"有界平面"命令，封闭拉伸的面。注意：在线条选择器中选择"相切曲线"并单击"在相交处停止"图标 ；按图 9-110所示选边界线。结果如图9-111所示。

　　使用 菜单(M) ▼→"插入"→"组合"→"缝合"命令，将两个片体缝合成一个片体。

　　单击 菜单(M) ▼→"插入"→"关联复制"→"阵列特征"，弹出"阵列特征"对话框；选项设置如图9-112所示，旋转轴指定点为（0，0，0），然后选择缝合好的片体，单击"确定"按钮，结果如图9-113所示。

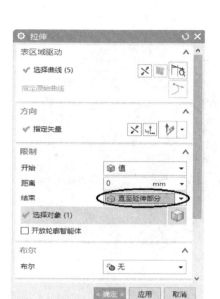

图 9-107

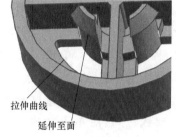

拉伸曲线

延伸至面

图 9-108

图 9-109

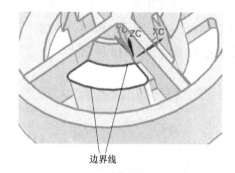

边界线

图 9-110

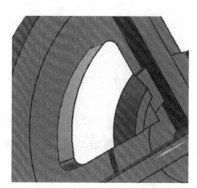

图 9-111

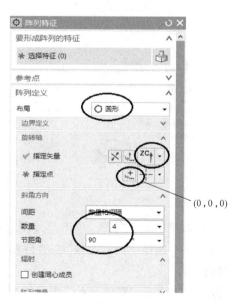

$(0,0,0)$

图 9-112

使用 ![菜单图标] 菜单(M) ▾ →"插入"→"组合"→"缝合"命令，对其他三个片体组合分别进行缝合。

单击"分型刀具"工具栏中的小图标 ![图标]，弹出"编辑分型面和曲面补片"对话框；选择所有缝合好的片体，然后单击"确定"按钮，将生成的片体转化成曲面补片。

（3）提取分型线　单击"分型刀具"工具栏中的小图标 ![图标]，弹出"定义区域"对话框；勾选"创建区域"和"创建分型线"，然后单击"确定"按钮，完成分型线的提取。

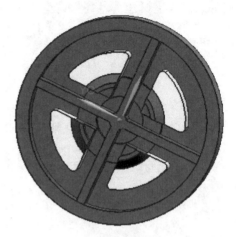

图 9-113

（4）创建分型面　单击"分型刀具"工具栏中的小图标 ![图标]，弹出"设计分型面"对话框；如图 9-114 所示，选择"方法"选项中的 ![图标]，然后单击"确定"按钮，完成分型面的创建，结果如图 9-115 所示。

图 9-114

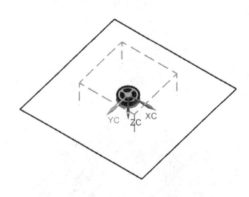

图 9-115

（5）创建型芯、型腔　单击"分型刀具"工具栏中的小图标 ![图标]，弹出"定义型腔和型芯"对话框；选择"所有区域"，然后单击"确定"→"确定"→"确定"按钮，完成型芯、型腔的创建。

分别打开型芯、型腔节点，图形如图 9-116 和图 9-117 所示。

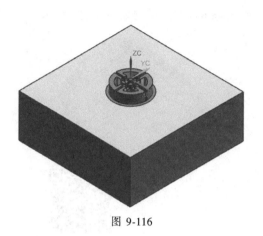

图 9-116

图 9-117

9.6 练习题

针对下列产品模型进行分型设计练习（扫描二维码查看相关解答）。

习题 1：产品模型如图 9-118 所示。

习题 2：产品模型如图 9-119 所示。

图 9-118

图 9-119

习题 3：产品模型如图 9-120 所示。

习题 4：产品模型如图 9-121 所示。

图 9-120

图 9-121

习题 5：产品模型如图 9-122 所示。

图 9-122

习题 6：产品模型如图 9-123 所示。

图 9-123

习题 7：产品模型如图 9-124 所示。

图 9-124

习题 8：产品模型如图 9-125 所示。

图 9-125

习题 9：产品模型如图 9-126 所示。

图 9-126

习题 10：产品模型如图 9-127 所示。

图 9-127

参 考 文 献

［1］ 刘平安，谢龙汉，骆兆. UG NX5 中文版模具设计应用实例 ［M］. 北京：清华大学出版社，2007.

［2］ 凯德设计. 精通 UG NX5 中文版：模具设计篇 ［M］. 北京：中国青年出版社，2008.

［3］ 杨培中. UG NX7.0 实例教程 ［M］. 北京：机械工业出版社，2011.

［4］ 展迪优. UG NX8.0 模具设计教程 ［M］. 北京：机械工业出版社，2012.